陶瓷技术应用系列实训指导

TAOCI JISHU YINGYONGXILIE SHIXUNZHIDAO

U0203523

陶瓷工程
机械使用与维护
实训指导

李　伟◎主编
邓庆勇◎副主编

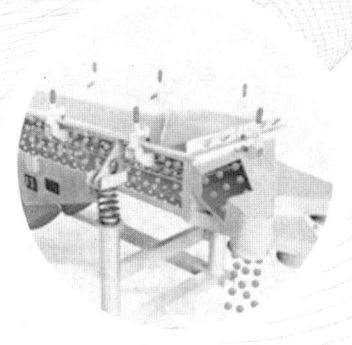

经济管理出版社

ECONOMY & MANAGEMENT PUBLISHING HOUSE

图书在版编目（CIP）数据

陶瓷工程机械使用与维护/李伟主编. —北京：经济管理出版社，2017.8
ISBN 978-7-5096-4894-0

Ⅰ.①陶…　Ⅱ.①李…　Ⅲ.①陶瓷工程—工程机械—维修　Ⅳ.①TQ174.5

中国版本图书馆CIP数据核字（2016）第 325542 号

组稿编辑：魏晨红
责任编辑：魏晨红
责任印制：黄章平
责任校对：王淑卿

出版发行：经济管理出版社
　　　　　（北京市海淀区北蜂窝 8 号中雅大厦 A 座 11 层　100038）
网　　　址：www.E-mp.com.cn
电　　　话：(010) 51915602
印　　　刷：北京市海淀区唐家岭福利印刷厂
经　　　销：新华书店
开　　　本：787mm×1092mm /16
印　　　张：25.5
字　　　数：436 千字
版　　　次：2017 年 11 月第 1 版　　2017 年 11 月第 1 次印刷
书　　　号：ISBN 978-7-5096-4894-0
定　　　价：58.00 元（全两册）

编 委 会

主　编：李　伟
主　审：陈盛华
副主编：邓庆勇
编　委：陈盛华　肖　东　温献萍　张小文　陈　军
　　　　李永学

前言

　　藤县中等专业学校为服务梧州市陶瓷产业的发展，对应藤县中等专业学校现有教学实训设备以及校企合作陶瓷企业的生产设备进行编撰。全书为《陶瓷工程机械使用与维护》配套教材，采用学生工作页模式对应《陶瓷工程机械使用与维护》教材编写本实训指导，两书为姊妹版本。全书共六章，包括陶瓷工程机械简介、陶瓷生产工艺、陶瓷机械——叉车、陶瓷机械——装载机、陶瓷机械——挖掘机、陶瓷机械实训设备使用说明。全书知识结构由浅入深，图文并茂，注重理论与实践相结合。本书可供中高职学校教学、陶瓷工程机械用户和爱好者学习使用，也可作为社会培训教材。

目录

第一章　陶瓷工程机械简介

第一节　陶瓷工程机械的特点及分类

1. 陶瓷工程机械的特点

陶瓷工程机械的特点是：

(1) ＿＿＿＿＿＿＿＿＿＿＿＿＿＿＿＿＿＿＿＿＿＿＿＿。

(2) ＿＿＿＿＿＿＿＿＿＿＿＿＿＿＿＿＿＿＿＿＿＿＿＿。

(3) ＿＿＿＿＿＿＿＿＿＿＿＿＿＿＿＿＿＿＿＿＿＿＿＿。

(4) ＿＿＿＿＿＿＿＿＿＿＿＿＿＿＿＿＿＿＿＿＿＿＿＿。

2. 陶瓷工程机械的分类

陶瓷机械设备按用途可分为＿＿＿＿＿＿＿＿＿＿＿＿＿＿＿设备、

＿＿＿＿＿＿＿＿＿＿＿＿＿＿＿设备、＿＿＿＿＿＿＿＿＿＿设备、

＿＿＿＿＿＿＿＿＿＿＿＿＿＿＿设备等。

第二节　原料制备机械设备

无论天然原料还是化工原料，都要经过开采、加工、制造才能成为合乎要求的成型料。原料制备机械设备可分为：＿＿＿＿＿＿＿＿＿＿机械、＿＿＿＿＿＿

＿＿＿＿＿＿＿＿＿＿机械、＿＿＿＿＿＿＿＿＿＿机械、＿＿＿＿＿＿

＿＿＿＿＿设备、＿＿＿＿＿＿＿＿＿＿设备等。

一、粉碎机械

用机械方法使固体物料由大块破解为小块或细粉的操作过程统称为＿＿＿＿＿＿。相应的机械称为＿＿＿＿＿＿＿＿，主要的粉碎机械有以下几种。

1. 颚式破碎机

颚式破碎机用途和使用范围：用于冶金、矿山、化工、水泥、建筑、耐火材料及陶瓷等工业部门作中碎和细碎各种中硬矿石和岩石。

图 1-1　颚式破碎机

1—本体；2—定颚板；3—动颚板；4—动颚体；5—偏心轴；6—肘板；7—调整座；8—弹簧拉杆

2. 锤式破碎机

锤式破碎机的主要工作部件为带有_____（又称锤头）的转子。转子由主轴、圆盘、销轴和锤子组成。电动机带动转子在破碎腔内高速旋转。物料自上部给料口给入机内，受高速运动的锤子_____、冲击、剪切、_____作用而粉碎。在转子下部，设有_____，粉碎物料中小于筛孔尺寸的粒级通过筛板排出，大于筛孔尺寸的_____阻留在筛板上继续受到锤子的打击和研磨，最后通过筛板排出机外。

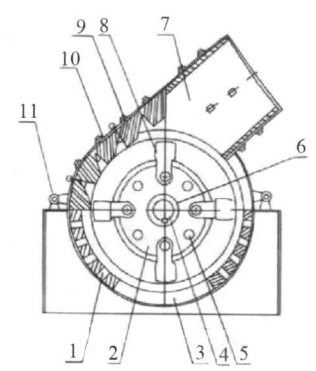

图 1-2　锤式破碎机

1—筛板；2—转子盘；3—出料口；4—中心轴；5—支撑杆；6—支撑环；7—进料嘴；

8—锤头；9—反击板；10—弧形内衬板；11—连接机构

3. 反击式破碎机

反击式破碎机是一种利用_____来破碎物料的破碎机械。当物料进入板锤作用区时，受到_____的高速冲击而破碎，并被抛向安装在转子上方的反击装置上再次破碎，然后又从反击衬板上弹回到板锤作用区重新_____。

图 1-3 反击式破碎机

1—小反击板；2—大反击板；3—板锤；4—挡块；5—夹块；
6—主轴；7—衬板；8—转子；9—楔块

4. 冲击式破碎机

冲击式破碎机又称_____，它广泛适用于各种岩石、磨料、耐火材料、水泥熟料、石英石、铁矿石、混凝土骨料等多种硬、脆物料的中碎、细碎（制砂粒）。

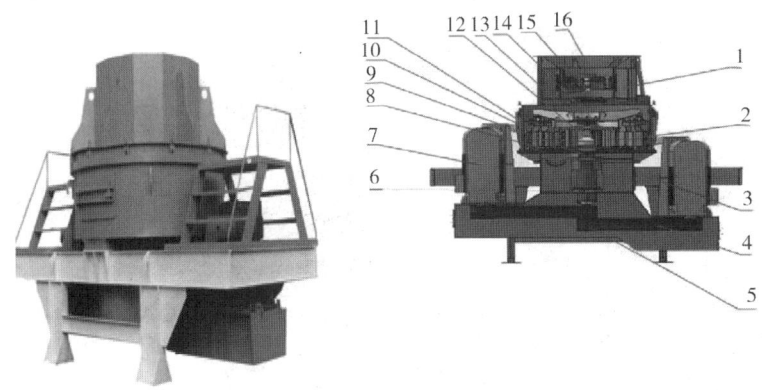

图 1-4 冲击式破碎机

1—进料斗部；2—涡动破碎腔部；3—机架部；4—主轴皮带轮；5—三角带；6—下锥套；7—电机部；
8—涡动腔下保护板；9—上锥套；10—可调周护板；11—涡动腔上保护板；12—叶轮部；
13—叶轮护口圈；14—叶轮护罩；15—限料环；16—分料盘

5. 轮碾机

轮碾机是以_____和_____为主要工作部件而构成的物料破（粉）碎或混炼的设备。

图 1-5　轮碾机

6. 锥式破碎机

在圆锥破碎机的工作过程中，_____通过传动装置带动偏心轴套旋转，_____在偏心轴套的迫动下做_____摆动，动锥靠近静锥的区段称为_____，物料受到动锥和静锥的多次挤压和撞击而破碎。动锥离开该区段时，该处已破碎至要求粒度的物料在自身重力作用下下落，从_____排出。

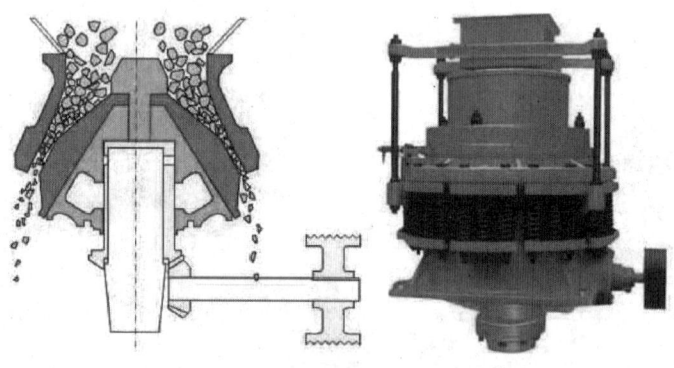

图 1-6　锥式破碎机

7. 辊式破碎机

辊式破碎机适用于水泥、化工建材、耐火材料等工业部门破碎_____的物料，如石灰石、炉渣、焦炭、煤等物料的中碎、细碎作业。该系列对辊式破碎机主要由_____、_____轴承、_____和_____装置以及_____装置等部分组成。

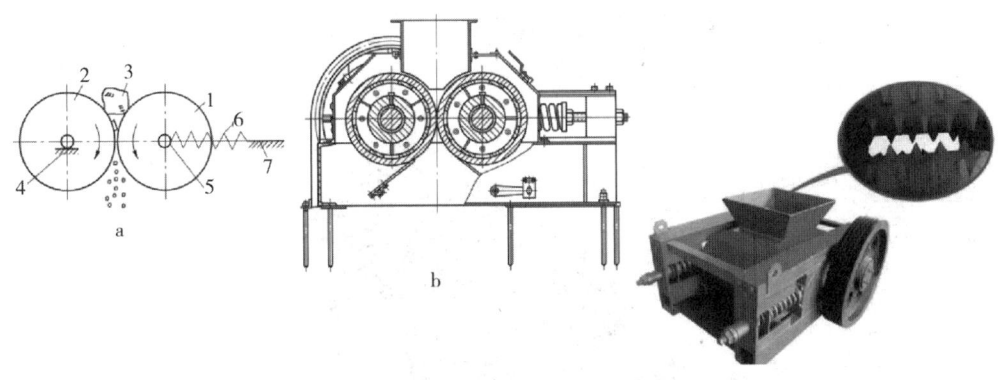

图 1-7　辊式破碎机

a—工作原理；b—结构

1、2—辊子；3—物料；4—固定轴承；5—可动轴承；6—弹簧；7—机架

8. 球磨机

球磨机是物料被破碎之后，再进行_____的关键设备。它广泛应用于水泥、硅酸盐制品，对各种_____和其他可磨性物料进行_____或湿式粉磨。

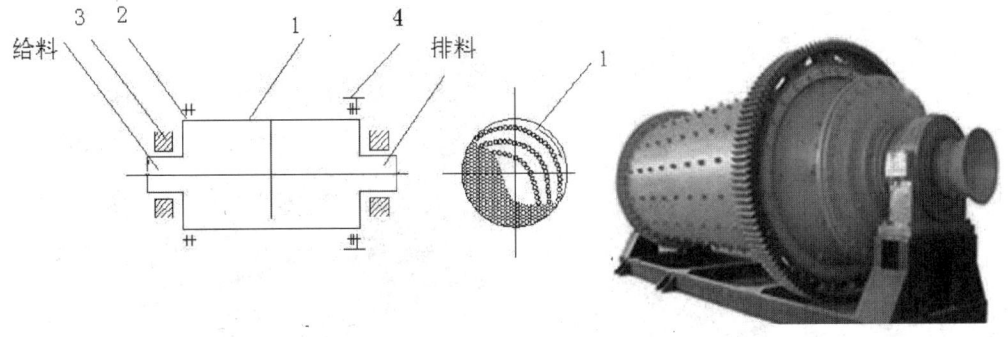

图 1-8　球磨机

1—筒体；2—端盖；3—轴承；4—大齿轮

二、筛分机械

筛分机械就是利用_____、振动、往复、_____等动作将各种原料和

各种初级产品经过筛网选别按物料粒度大小分成若干个等级，或是将其中的
_____、_____等去除，再进行下一步的加工和提高产品品质时所用的机
械设备。筛分机械主要有：

1. 圆振动筛

_____是一种做圆形振动、多层数、高效新型振动筛。

图 1-9　圆振动筛

2. 直线振动筛

_____利用振动电机激振作为振动源。

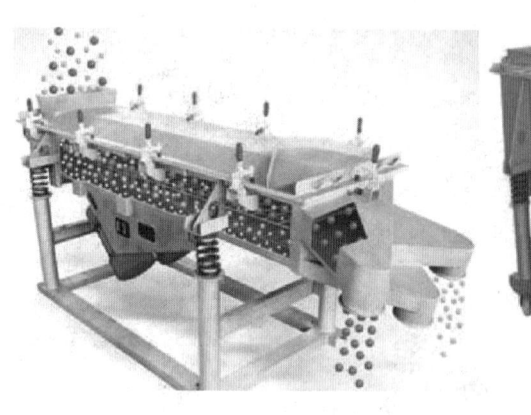

图 1-10　直线振动筛

3. 滚轴筛

_____的筛面由很多根平行排列的、其上交错地装有筛盘的辊轴组成。

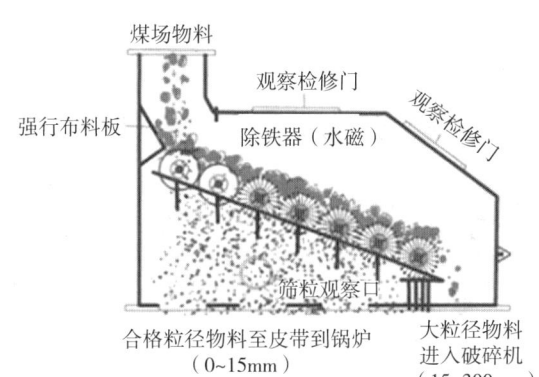

图 1-11　滚轴筛

三、混合搅拌机械

陶瓷生产中用的_____和_____，一般是由几种不同的物料按一定比例配制而成的，各组分混合的均匀程度对陶瓷制品的质量影响很大。一般将使固体粉料均匀分散的操作过程称为_____；将使液状物料均匀分散的操作过程称为_____。混合搅拌机械主要有：

1. 双轴搅拌机

_____是一种连续式混合机械，常用于干粉料加湿制备塑性泥料，可以减少工序，实现生产过程的_____和_____；泥料的含水量比较稳定，且便于调节。

图 1-12　双轴搅拌机

2. 螺旋桨式搅拌机

_____搅拌机常用于搅拌泥浆，使泥浆中各组分混合均匀、固体颗粒不致_____；也用于在水中_____泥料，以制备均质泥浆等。

图 1-13 螺旋桨式搅拌机

3. 平桨搅拌器

_____一般装在容积较大的浆池中以_____搅拌泥浆。工作时，_____在电机带动下转动，使料浆产生_____和_____运动，从而使料浆得到有效的搅拌和混合。

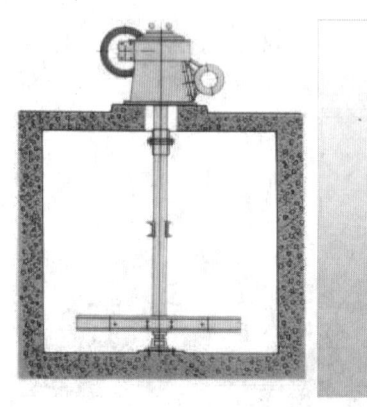

图 1-14 平桨搅拌器

4. 行星式搅拌机

_____是一种立式搅拌机，工作时桨叶在驱动机构带动下，既绕行星架中心_____，又绕立轴_____，即做行星运动，使浆料产生强烈的湍流而受到搅拌。宜用于防止_____沉淀的操作。

图 1-15　行星式搅拌机

四、脱水设备

脱水设备主要有：

1. 压滤机

_____将泥浆输送到很多毛细孔的过滤介质中，在压力作用下，泥浆中的水分自_____通过，将固体物料截流在_____上，从而将泥浆中的_____除去的操作。压滤机由_____、_____、_____等组成。

图 1-16　压滤机

2. 喷雾干燥器

_____就是将溶液或悬浮液分散成雾状的液滴，在热风中干燥而获得粉状或颗粒状产品的过程。喷雾干燥器主要用来制备生产面砖用的粉料，也可用来制备_____泥料。

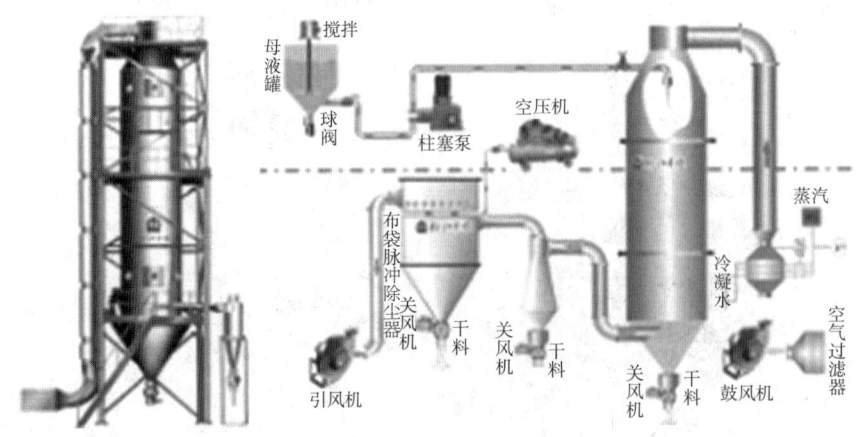

图 1-17　喷雾干燥器

五、磁选设备

利用物质磁性的差异，对物料进行_____的分选操作，即在磁场中，利用物料颗粒磁性的不同使其分离的方法，称为_____。陶瓷工程机械的磁选设备主要有：

1. 过滤式泥浆磁选机

_____为筒状结构，由支架支撑。主要零部件有外壳、手动阀门、线圈、电磁阀和格子板等。

图 1-18　过滤式泥浆磁选机

2. 干式磁选机

_____皮带输送机的负载段上方设慢速转动的_____，下方设_____，组成一_____磁系，铁盘的直径大于输送带宽度。

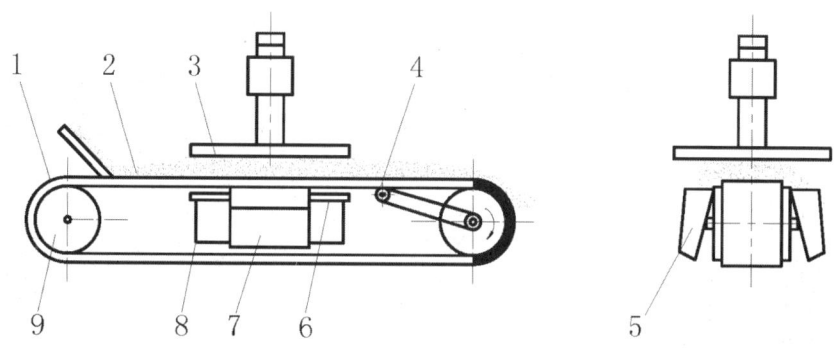

图 1-19　干式磁选机

第三节　成形机械设备

将泥料制成一定形状和尺寸的坯体以供焙烧用的工艺过程称为成形。目前，陶瓷工业使用的成形方法主要有_____、_____、_____和_____等。成形机械主要有：

一、滚压成形机

利用_____和模型各自绕自己轴线的_____转动，将投放在模型中的塑性泥料延展压制_____。坯体的外形和尺寸完全取决于_____方法和滚压头与模面间所形成的"_____"。

二、干压成形机

_____是指将陶瓷原料制作成颗粒状粉料，填入刚性模型内施加压力而得，具有一定强度和形状的_____的成形方法。干压成形粉料颗粒的直径在 1mm 以下，含水量为 2%～12%。完成干压成形工艺的机械是各种形式的_____，主要有：

1. 摩擦压力机

摩擦压力机主要由_____、框形机身、_____、飞轮—螺旋机构和换向、顶出操纵机构等组成。

2. 液压成形机

液压成形机是_____、_____压制成形的关键设备。

图 1-20　滚压成形机

图 1-21　摩擦压力机

图 1-22　液压成形机

三、注浆成形机

将含水分（30%~40%）的泥浆浇注入模型（模具有很强的吸水性），模型吸水后形成湿坯的操作称为_____。主要的机械设备有：

1. 泥浆的真空处理设备

泥浆的真空处理设备实际是一只带有搅拌机的、可以密闭的_____。为了能连续作业，最好是两只并联使用，通过_____的启闭使之轮流工作。

图 1-23　泥浆的真空处理设备

2. 离心注浆机

_____在注浆模型旋转运动的情况下注入泥浆，泥浆在离心力的作用下形成_____。此法可加快坯体的形成速度，使坯体中颗粒排列均匀而致密，能提高制品质量。

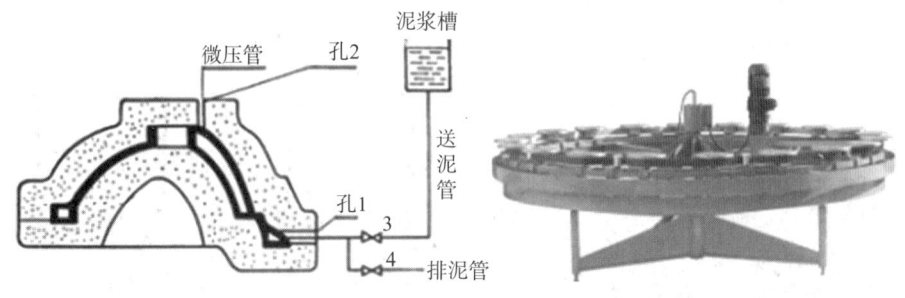

图1-24　离心注浆机

3. 注浆成形生产线

_____生产线是近年来较为先进的注浆工艺，可大大降低劳动强度、提高成品效率、提高产品_____。一般来说，注浆成形生产线包括_____工位、_____工位、_____工位、_____工位、_____工位等。

图1-25　注浆成形生产线

第四节　通用流体机械设备

本节所涉及的通用流体机械设备是以_____、_____等流体为工作介质的_____、_____等机械设备，主要有：

一、工业用泵

向液体提供机械能的装置——亦即输送液体的机械称之为泵。

1. 离心泵

_____工作零件是叶轮和蜗形泵壳，叶轮转动前，泵壳内灌满了水，当_____旋转时，叶轮使水得到动能在_____的作用下甩向泵壳内壁顺着出水管排出。

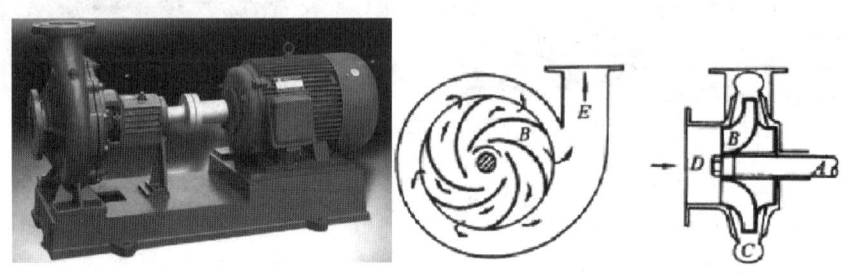

图1-26　单级离心泵

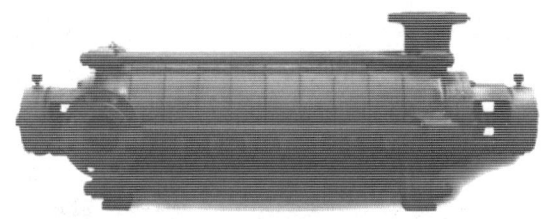

图1-27　多级离心泵

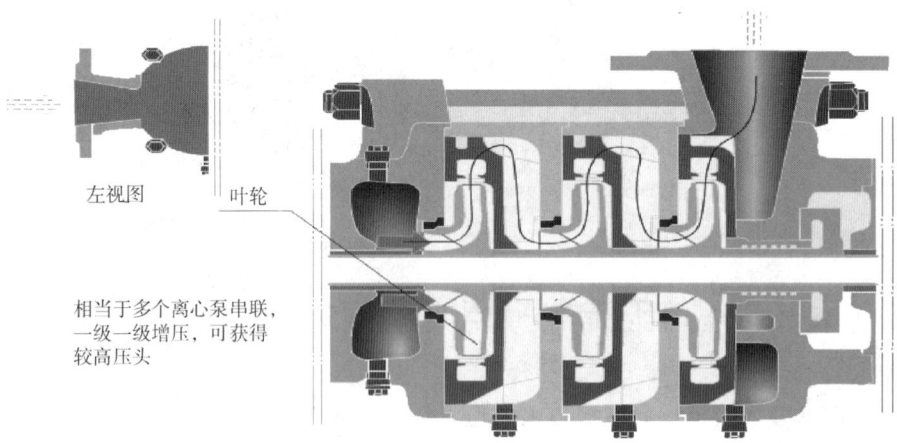

左视图　　叶轮

相当于多个离心泵串联，一级一级增压，可获得较高压头

图1-28　多级离心泵原理

2. 气动隔膜泉

_____是一种新型输送机械，采用_____空气为动力源。

3. 齿轮泵

_____两齿轮的齿相互分开，形成_____，液体吸入，并由壳壁推送到另一侧。另一侧两齿轮互相合拢，形成高压，将液体_____。

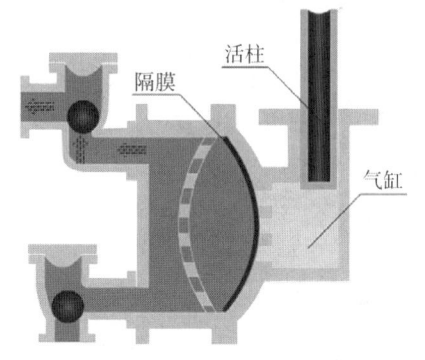

图 1-29　气动隔膜泵

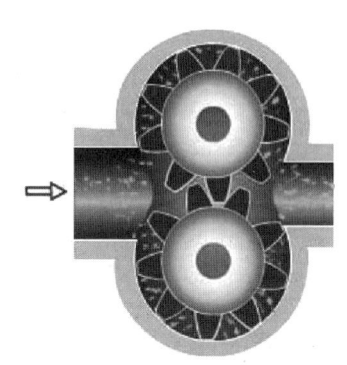

图 1-30　齿轮泵

4. 螺杆泵

_____与齿轮泵十分相似，一个螺杆传动，带动另一个_____，液体被拦截在啮合室内，沿杆轴方向推进，然后被挤向中央排出。

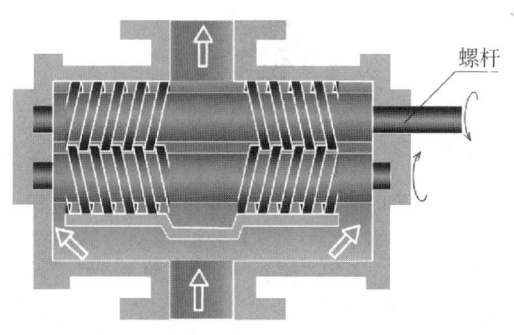

图 1-31　螺杆泵

5. 旋涡泵

_____叶片凹槽中的液体，被离心力甩向流道，一次增压，流道中的液体又因槽中液体被_____形成低压，再次进入凹槽，再次_____，经过多次的凹槽—流道—凹槽的旋涡运动，从而得到较高_____。

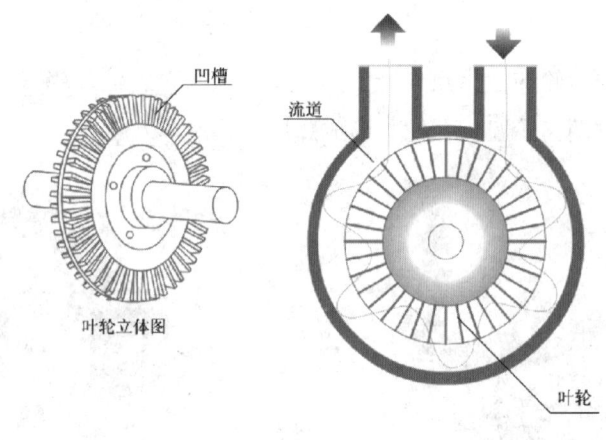

图 1-32　旋涡泵

6. 轴流管道泵

_____的叶轮设计成轴流式，转速很高，如果电机功率、叶轮直径、管道直径足够大的话，_____可以很大。

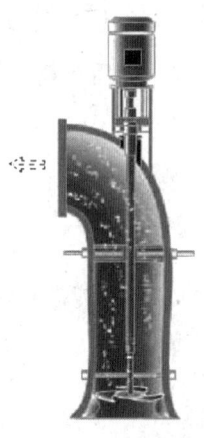

图 1-33　轴流管道泵

二、风机

1. 罗茨鼓风机

_____下侧两"鞋底尖"分开时，形成低压，将气体吸入；上侧两"鞋底尖"合拢时,形成高压,将气体排出。

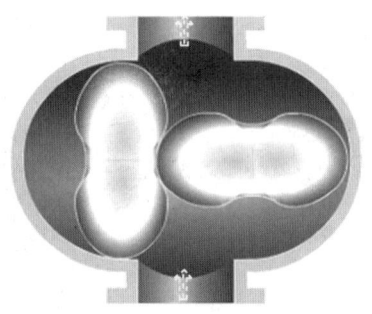

图1-34　罗茨鼓风机

2. 水环式真空泵

_____的叶轮与泵壳呈偏心,泵壳内充一定量的水,叶轮旋转使水形成水环。

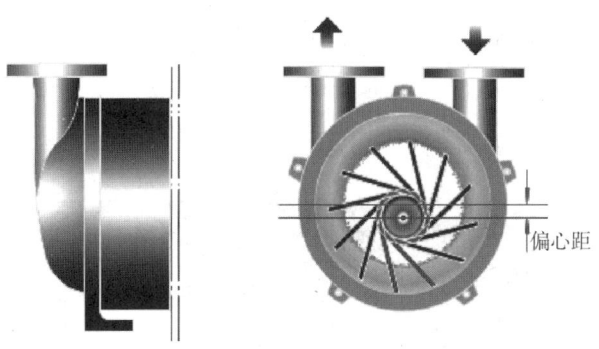

偏心距

图1-35　水环式真空泵

3. 离心通风机

_____的原理与离心泵相同,叶轮上叶片的数目比离心泵的稍多,叶片比较短,中低压风机的叶片常向前弯,高压风机的叶片为后弯叶片。

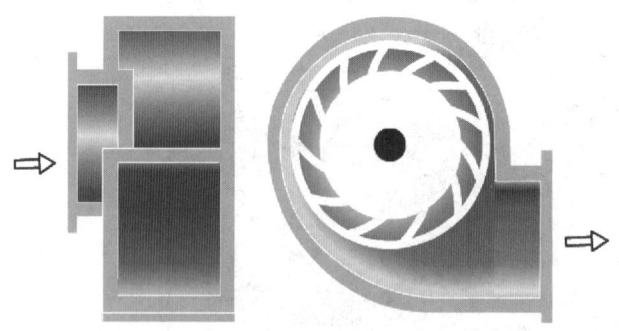

图1-36   离心通风机

第五节   连续输送设备

本节主要介绍陶瓷厂常用的＿＿＿＿＿、＿＿＿＿＿和＿＿＿＿＿等输送设备。

1. 带式输送机

＿＿＿＿＿是一种适应能力强、应用比较广泛的连续输送机械。常用它来输送＿＿＿＿＿物料，有时也用来搬运单件物品。在采用多点驱动时，长度几乎不受限制。作为越野输送时，可远达＿＿＿＿＿公里。

图1-37   带式输送机

2. 斗式提升机

_____是一种利用胶带或链条作牵引件来带动料斗以实现升运作用的机械。

图 1-38　斗式提升机

3. 螺旋输送机

_____是利用刚性螺旋的原地旋转来实现物料的轴向输送，它结构简单，体形紧凑，传动方便，不引起粉尘飞扬，便于_____输送粉粒状物。

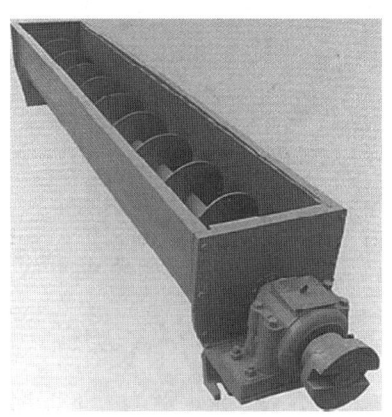

图 1-39　螺旋输送机

4. 辊子输送机

_____是利用驱动辊子或成件物品重力进行运输。其特点是结构简单，工作可靠，安拆装方便，易于维修。

图 1-40　辊子输送机

第二章　陶瓷生产工艺

第一节　陶瓷的概述

1. 陶瓷的定义

以_____为主要原料加上其他天然矿物原料经过_____、粉碎、混炼、_____等工序制作的各类产品称作陶瓷。

2. 陶瓷发展史

我国是陶瓷生产大国，陶瓷生产有着悠久的历史和辉煌成就。我国最早烧制的是_____。由于古代人民经过长期实践，积累经验，在原料的选择和精制、窑炉的改进及烧成温度的提高，釉的发展和使用有了新的突破，实现陶器到瓷器的转变。

3. 陶瓷行业布局

（1）生产基地以_____为主。

（2）新的生产基地目前在_____兴起。

4. 瓷砖分类

瓷砖品种繁多，其分类一般如下：

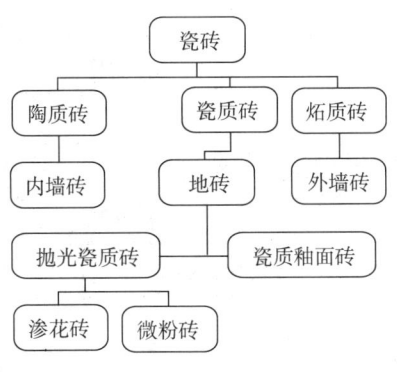

图 2-1　_____的分类

5. 瓷砖的分类原则

表 2-1   瓷砖的分类原则

	陶质砖	炻质砖	瓷质砖
吸水率E			
透光性			
坯体特征			
强度			
烧结程度			
烧成温度			

第二节   地砖生产工艺流程

地砖生产一般可分为三个步骤：_____ 的制备、_____ 的制备、_____工艺流程。

一、坯料的制备

_____流程一般顺序如下：

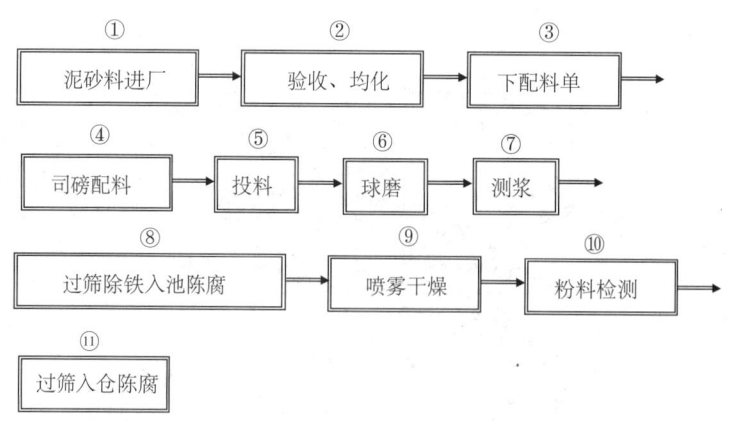

图 2-2   坯料制备流程

1. 泥沙料进厂

_____主要有以黏土为代表的可塑性原料、以含石英砂料为代表的瘠性原料、以_____为主的熔剂性原料。

长石　　　　　　　　砂料　　　　　　　　黏土

图 2-3　泥沙料

2. 验收、均化

（1）验收。原料进厂后由分厂验收人员取样进行_____，合格后过磅放入室外仓均化。均化后的原料才允许生产加工。

（2）均化。_____：通过挖机混合原料的各个位置，使原料不同位置的物理、化学性能相近。

图 2-4　验收　　　　　　　　　　　　　图 2-5　均化

3. 下配料单

配方经确定后由工艺技术员下达_____，质检员根据泥沙料检测水分计算配方单实际投料量，由原料部负责按_____配料。

4. 司磅配料

铲车司机根据《球磨配料看板》中的配料单,通过_____将各种原料加入电子秤。

图 2-6　司磅配料

图 2-7　投料

5. 投料

通过皮带将电子配料机上的已配好的各种_____输送到球磨机内进行投料球磨。

6. 球磨

球石是帮助原料_____、_____的物质。

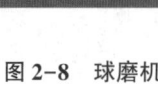

图 2-8　球磨机

图 2-9　球石

7. 测浆

泥浆性能的要求:

(1) _____。

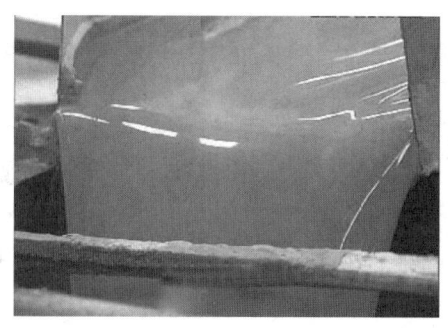

图 2-10　泥浆

（2）含水率要合适，确保制粉过程中粉料产量高，能源消耗低。

（3）_____。

（4）泥浆滴浆，看坯体颜色。

8. 过筛除铁、入池陈腐

泥浆水分、细度达到标准后放浆_____、_____进入浆池内陈腐备用。

陈腐：将泥浆放入浆池一段时间，使其_____均匀，达到生产标准。

图 2-11　过筛除铁

图 2-12　陈腐备用

9. 喷雾干燥

_____原理：通过柱塞泵压力将达到工艺要求的泥浆，压入干燥塔中的雾化器中。

图 2-13　柱塞泵

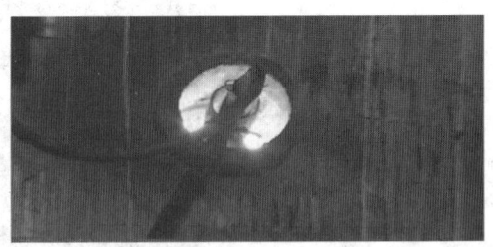

图 2-14　热风炉

10. 过筛入仓陈腐

通过_____干燥后的粉料有一定的温度，且水分也不均匀，所以粉料一般需陈腐_____小时后使用。

图 2-15　过筛

图 2-16　陈腐

二、釉料的制备

1. 坯料与釉料的相同点

（1）_____性能：坯和釉都具有强度高、脆性等特征。

（2）_____性能：坯和釉都具有较强的耐腐蚀性。

（3）_____性能：传统陶瓷坯和釉都具有较大的介电常数，大多数情况下可当作绝缘体。

（4）_____性能：坯和釉都具有较小膨胀系数，能够承受较大范围内的热急变。

2. 坯料与釉料的不同点

（1）力学性能：坯比釉强度_____。

（2）化学稳定性：坯比釉耐腐蚀性_____。

（3）热性能：坯的膨胀系数一般比釉略_____。

3. 釉料的制备流程

_____的制备流程一般按以下顺序进行。

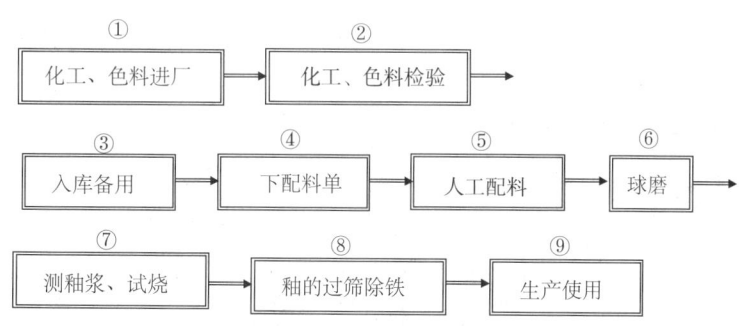

图 2-17　釉料的制备流程

（1）_____存料。合格化工、色料由釉班领料组负责领入，存储在釉班库存，用时即取。

图 2-18　釉班存料

（2）_____料单。试制员根据产品做板试验后填写配方单，由釉班班长根据试制员下达的原始配方单填写配料单，准备配料。

（3）人工配料。釉班人员根据配料单将各种化工、色料_____、配料入_____。

图 2-19　人工配料

（4）球磨。将配好的化工、色料、辅料加一定量的水后进行球磨，一般球磨_____小时，具体时间根据釉料细度来确定。

图 2-20　釉浆球磨

（5）测釉浆、试烧。由下单的试制员对制备好的_____进行试烧。

图 2-21　测釉浆、试烧

（6）釉的过筛除铁。有些加入_____的釉浆不需要除铁这个工序，除铁会影响此色料的发色。

图 2-22　釉浆除铁过筛

图 2-23　印花釉过筛

（7）生产使用。通过试烧符合生产需要的釉浆，_____后生产时拉至生产线使用。

图 2-24　生产使用

三、生产线工艺流程

_____流程一般按以下顺序进行。

1. 送粉

根据生产需要，经过陈腐的粉料从陈腐仓输至压机使用，为确保产品质量，一般情况下，几个料仓物料同时使用，减少粉料波动对生产的影响。

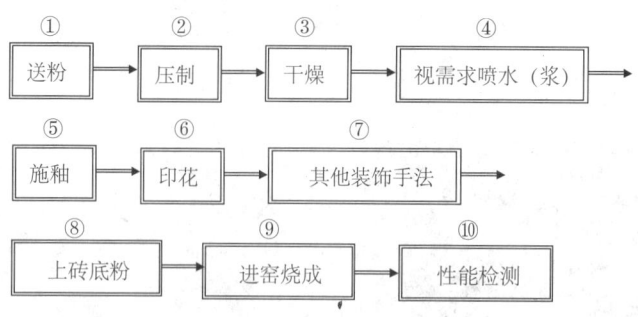

图 2-25　生产线工艺流程

图 2-26　送粉

2. 压制

粉料由输送带输送进入压机料斗，然后通过布料格栅布料，由压砖机压制成形。

图 2-27　压制

图 2-28　单管布料压机

图 2-29　多管布料压机

3. 干燥

压制成形后的生坯含有一定的水分，为了提高生坯的强度，满足输送和后工序的需要，生坯要进行干燥。

图 2-30　多层卧式干燥窑

4. 施釉

施釉的方式主要有两种：_____、_____。

（1）喷釉。用喷枪通过压缩空气使_____在压力的作用下喷散呈雾状，施到坯体表面。

（2）淋釉。淋釉釉面比较适合_____印花。

图 2-31　喷釉

图 2-32　淋釉

（3）喷釉与淋釉的区别。

表 2-2　喷釉与淋釉的区别

	喷釉	淋釉
比重		
平整度		

5. 印花

_____是按照预先设计的图样，通过转印花网或雕刻胶辊，将印花釉透过网孔或胶辊的毛细孔转印到釉坯上。

表 2-3　平板印花与胶辊印花的区别

	平板印花	胶辊印花
成本	平板印花产品价格稍_____	胶辊印花的价格较_____些
操作	平板印花操作方面_____，但部分产品经常出现_____现象	胶辊印花操作自动化程度_____，对胶辊仪器操作要求比较_____
效果	平板印花图案_____，没有变化	胶辊印花图案细腻，有层次感，图案变化_____

图 2-33　胶辊印花　　　　　　　　图 2-34　平板印花

6. 上砖底粉

上过砖底粉的砖坯入窑烧成时才不易黏辊棒，延长_____的使用寿命。

7. 进窑烧成

（1）辊道窑。目前墙地砖生产采用_____烧成，辊道窑由许多平行排列的辊棒组成辊道，通过辊棒运转带动砖坯向前移动，入窑进行烧制。

图 2-35　辊道窑　　　　　　　　图 2-36　窑炉自动控制系统

（2）产品烧成流程。砖坯→_____带→_____带→_____带→成品。

通过窑炉自动控制系统，对产品_____进行严格的控制，保证产品质量。

8. 性能检测

性能的检测项目大致有_____系数检测、_____检测、_____性能检测、吸水率检测、强度检测等。

防滑系数检测　　抗热稳定性检测

耐磨性能检测　　吸水率检测

图 2-37　性能的检测

图 2-38　强度检测

四、抛光工艺流程

_____流程一般按以下顺序进行。

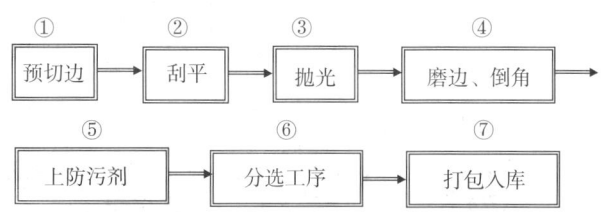

图 2-39　抛光工艺流程

1. 预切边

图 2-40　_____

2. 刮平

图 2-41　_____

3. 抛光

抛光可分为_____抛、_____抛、_____抛。根据需要选择抛光程度。

4. 磨边、倒角

从精抛机出来的产品经过_____、倒角，使砖坯的尺寸准确均一，并避免锋利的砖角对人造成损伤或伤害_____。

图 2-42 磨边

5. 上防污剂

为了提高防污能力，要在抛光砖的表面涂一层防污剂；_____可以阻止在施工过程中_____对砖的渗透，另外也会防止日常生活中墨水、茶水造成的_____。

图 2-43 上防污剂

6. 分选工序

由分拣人员检测产品的平整度、尺寸，合格产品包装入库。

图 2-44　平整度检测

7. 打包入库

图 2-45　自动包装机

第三章 陶瓷机械——叉车

第一节 叉车的概述

一、叉车在陶瓷工程中的发展史

叉车在企业的_____系统中扮演着非常重要的角色，是物料搬运设备中的_____。广泛应用于车站、港口、机场、工厂、仓库等国民经济各部门，是_____、_____和_____运输的高效设备。

自行式叉车出现于1917年。第二次世界大战期间，叉车得到发展。中国从20世纪_____开始制造叉车。特别是随着中国经济的快速发展，大部分企业的物料搬运已经脱离了原始的人工搬运，取而代之的是以_____为主的机械化搬运。

叉车是一种_____、_____行走式的装卸搬运车辆。主要应用于_____、配送中心及仓储中心、厂矿企业、各类仓库、车站、港口等场所，对成件、包装件以及托盘等集装件进行装卸、堆码、拆垛、短途搬运等作业。叉车的主要工作属具是_____，保证了_____，而且占用的劳动力大大_____，劳动强度大大_____，作业效率大大_____。叉车作业，可使货物的堆垛高度大大增加（可达4~5m）。因此，船舱、车厢、仓库的空间位置得到充分利用（利用系数可提高30%~50%）。可缩短装卸、搬运、堆码的作业时间，加速了车船周转，提高作业的安全程度，实现文明装卸。叉车作业与大型装卸机械作业相比，具有成本_____、投资_____的优点。

二、叉车在陶瓷工程中的类型

由于_____和_____的差异，形成了不同种类的叉车。通常可按_____、_____和_____分类。

1. 按动力装置分类

叉车可分为内燃叉车和电力叉车两种。

表 3-1 叉车的类型

种类	使用动力	优点	缺点	适用场所
内燃叉车				
电力叉车				

2. 按结构特点分类

叉车可分为_____叉车、_____叉车和_____叉车等。

图 3-1 _____叉车

图 3-2 _____叉车

图 3-3 _____叉车

3. 按车型分类

叉车可以分为三大类：_____叉车、_____叉车和_____叉车。

（1）内燃叉车。内燃叉车又分为_____叉车、_____叉车、侧面叉车和_____叉车。

图 3-4 _____叉车

图 3-5 _____叉车

图 3-6 _____叉车

（2）电动叉车。以_____为动力，_____为能源。承载能力为 1.0~4.8 吨，作业通道宽度一般为 3.5~5.0 米。由于没有_____、_____小，因此广泛应用于对环境要求较_____的工况，如医药、食品等行业。由于每个电池一般在工作约 8 小时后需要充电，因此对于多班制的工况，需要配备_____电池。

图 3-7　电动叉车

（3）仓储叉车。仓储叉车主要是为_____内货物搬运而设计的叉车。主要有：

_____叉车、_____叉车、_____叉车、_____叉车、_____叉车、_____叉车、_____叉车、_____车。

图 3-8　_____叉车　　　图 3-9　_____叉车　　　图 3-10　_____叉车

图 3-11 _____ 叉车   图 3-12 _____ 叉车   图 3-13 _____ 叉车

图 3-14 _____ 叉车

图 3-15 _____ 车

三、叉车在陶瓷工程中的构成

叉车种类繁多，但不论哪种类型的叉车，基本上都由动力部分、底盘、工作部分和电气设备四大部分构成。请完善图 3-16、图 3-17、图 3-19 中所缺内容。

其中，动力部分为叉车提供_____，一般装于叉车的_____，兼起平衡配重作用。

底盘部分接受动力装置的_____，使叉车运动，并保证其正常_____。

工作部分用来_____货物和_____货物。

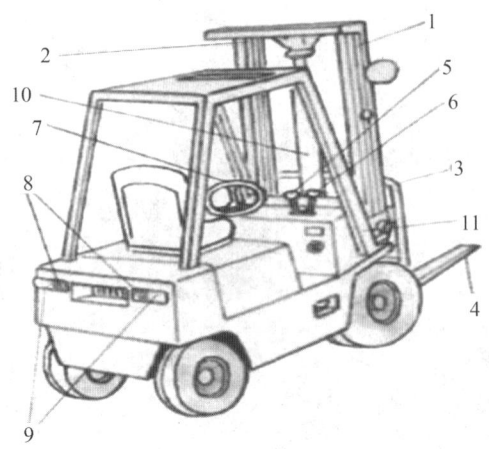

1、2——_____；3——_____；4——_____；5——_____；6——_____；

7——_____；8——_____；9——_____；10——_____；11——_____

图 3-16　叉车结构示意图

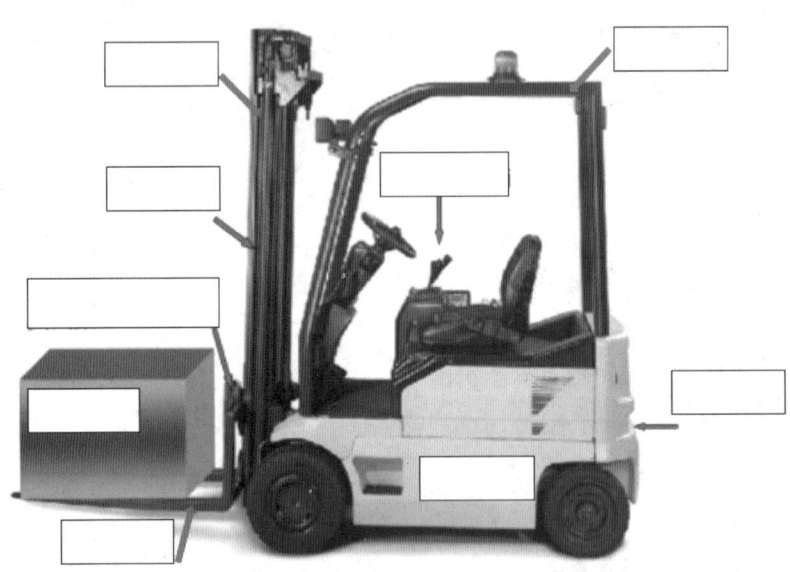

图 3-17　叉车整体结构

图 3-18　门架及货叉

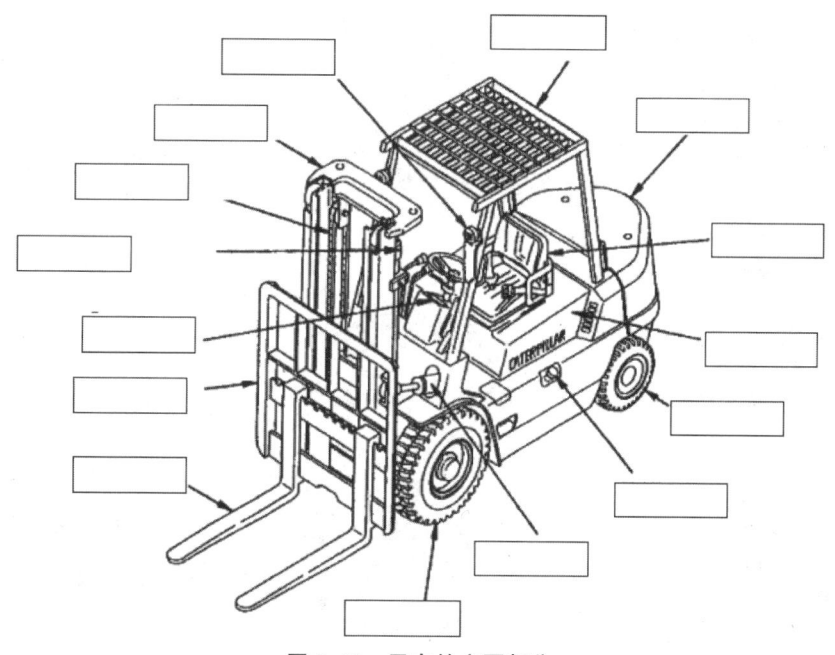

图 3-19　叉车的主要部分

第二节　叉车在陶瓷工程中的基本操作

一、认识道路交通标志及标线

填空完成表 3-2、表 3-3、表 3-4 中的道路交通标志。

表 3-2　警告标志

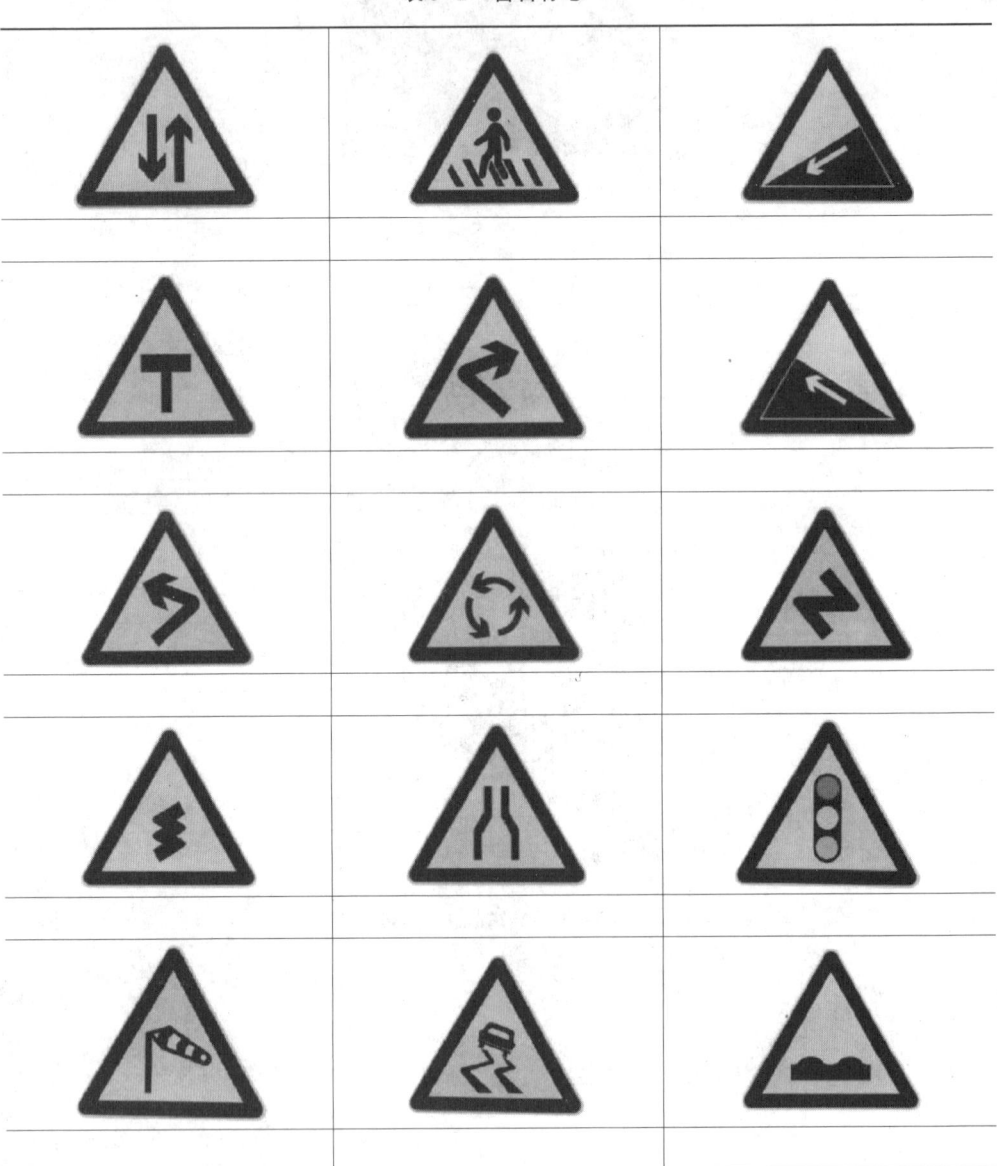

续表

表 3-3 禁令标志

续表

表 3-4 指示标志

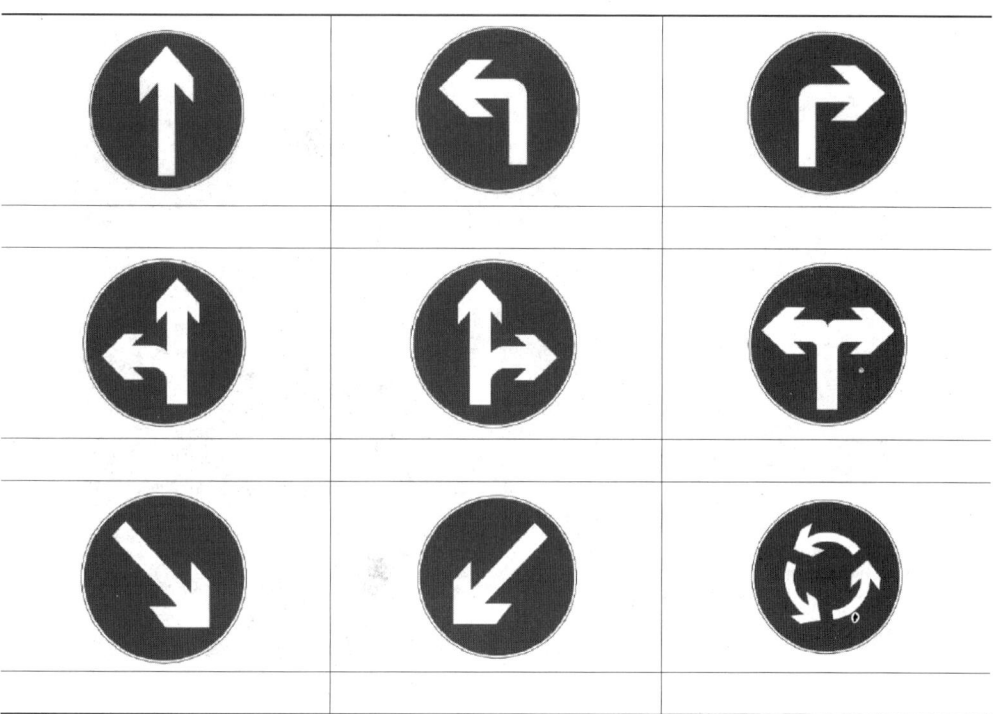

二、叉车仪表台、操纵机构的认识

叉车的仪表台一般位于驾驶室_____下，不同型号的叉车，其仪表台略有不同，但一般都包含以下内容：

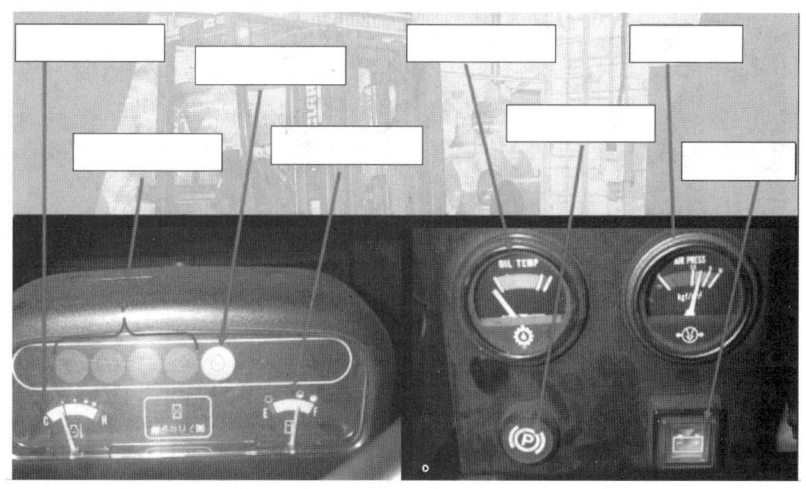

图 3-20 叉车仪表台

叉车的驾驶需要操作不同的操纵机构，不同型号的叉车，其_____略有不同，但一般都包含以下内容，请填空完成。

图 3-21　叉车的操纵机构

三、叉车在陶瓷工程中的安全操作流程

按要求穿戴好劳保用品（请填空完成）。

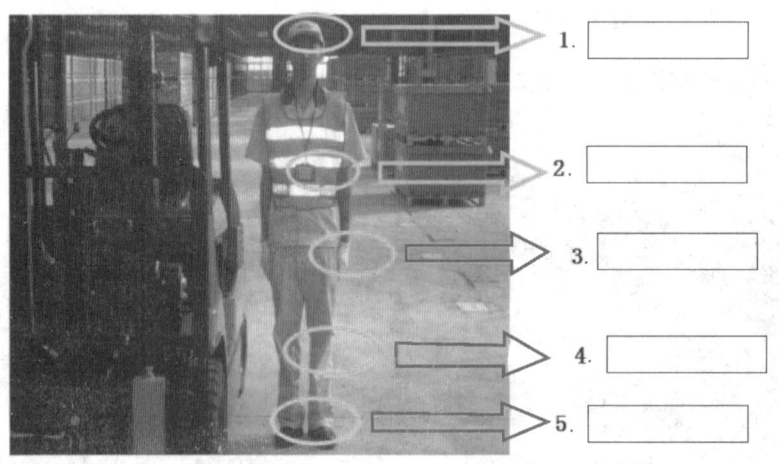

图 3-22　穿戴劳保用品

1. 驾车前点检

叉车轮胎及紧固轮胎螺母的点检。绕车四周检查，检查车身是否有磕碰，螺母是否松动，轮胎是否正常，四周有无障碍物（请填空完成）。

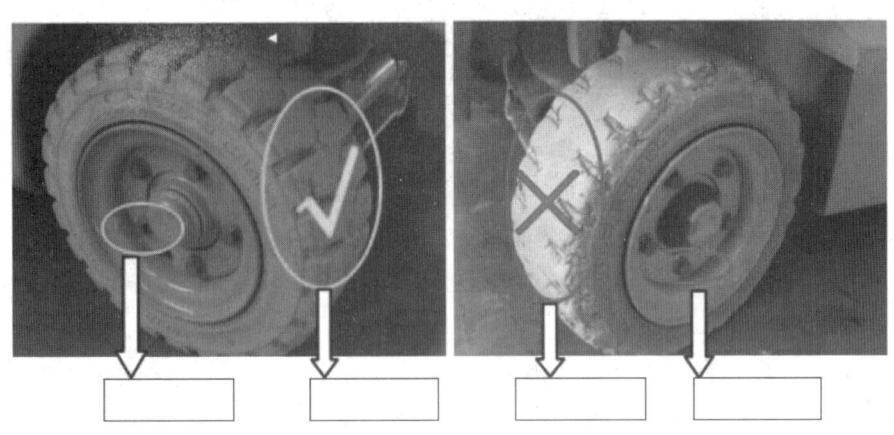

图 3-23 检查轮胎及螺母

2. 行车检查

左侧上车。上车时标准动作，_____上车，上车时不应磕碰_____。

图 3-24 左侧上车

系好安全带。在作业过程中，安全带对操作人员起到_____作用。

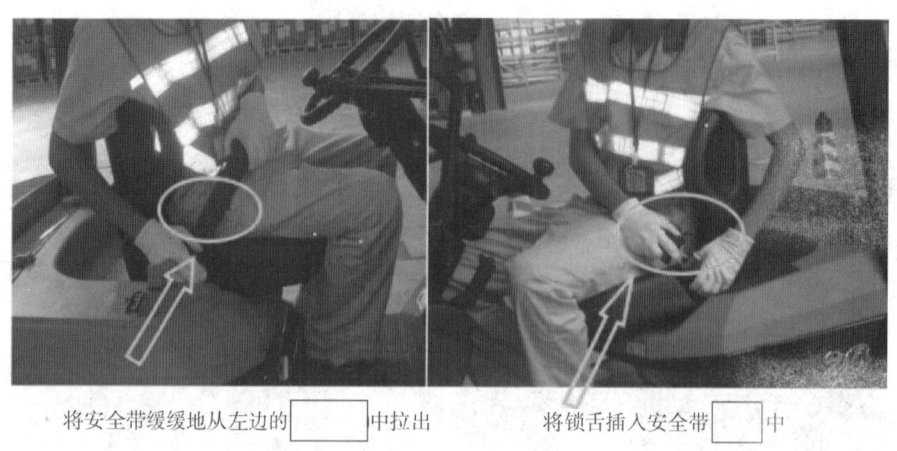

将安全带缓缓地从左边的 _____ 中拉出　　　将锁舌插入安全带 _____ 中

图 3-25　系好安全带

放下手制动。启车时将手制动放到 _____ 点，防止在行驶中磨损 _____。压下制动手柄上的释放按钮，将手柄下放。

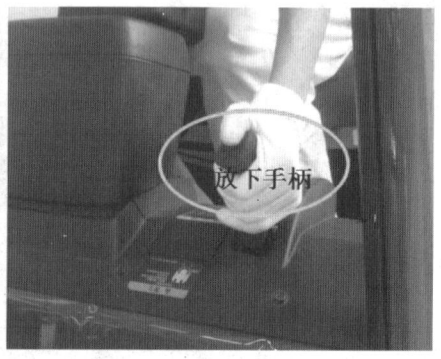

图 3-26　放下手制动

3. 叉车作业

升货叉，鸣笛开始作业。货叉离地面 _____ 厘米，防止货叉过低，行驶中 _____ 地面。鸣笛开始作业。

叉车 _____ 操作。_____ 手掌握方向盘轮轴，_____ 手扶叉车右后侧门架，身体右转 _____ 度。倒车时目视 _____ 方，不易发生安全事故。

图 3-27　货叉离地　　　　　　　　图 3-28　倒车操作

4. 叉车停车操作

叉车转弯处停车确认，叉车停放在指定位置。叉车转弯时_____，停车确认后方可_____。叉车作业完毕，必须将车停放到_____区域，拉起电源紧急开关。

踩住_____，拉_____，货叉平放置地面_____。下车时将货叉_____地面，拉手刹，防止_____。

图 3-29　防止溜车

解安全带。按下安全带锁扣上的_____按钮，松开_____，将安全带缩回_____中。

5. 叉车摘箱操作

货叉_____微倾，将货叉深入货物底_____以上。货叉微倾，防止叉坏货箱，货叉要进入承载箱 2/3 以上，防止在运输过程货箱侧翻。

货叉提升_____厘米，目视后方，_____离开堆垛位置。货物处于起

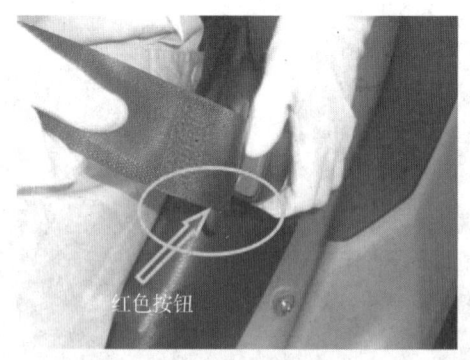

图3-30 解安全带

1. 货叉向前微倾　　　2. 货叉叉入货物底部2/3以上

图3-31 插取货物

升状态时，决不允许＿＿＿＿＿或是＿＿＿＿＿叉车。

目视后方

货箱提升与承载箱高度为30~40cm

图3-32 倒离堆垛

6. 叉车堆垛操作

插取货箱，行驶至承载箱正上方，使货箱_____与承载箱_____对齐。叉起货箱时的高度_____承载箱，防止碰撞承载箱。

承载箱正上方　　　　　货箱四角与承载箱四角对齐

图 3-33　货物对齐

落入承载箱对应两角上，缓慢_____货叉并同时_____车辆。将货箱四角落入承载箱四角内，防止货箱_____。

落入对应两角　　　　　　　前倾货叉并后撤车辆

图 3-34　放置货物

将货箱平稳放入承载箱_____内，货叉缓慢平稳_____。退叉时货叉不宜前倾后背，防止货叉与货箱边摩擦。

7. 叉车出库操作

叉车出库时需_____、_____瞭望，_____后方可通行。

货箱放入承载箱四角内　　　　　　　货叉缓慢平稳退出

图 3-35　退出货叉

鸣笛瞭望　　　　　　　　　　　　　鸣笛瞭望

图 3-36　鸣笛瞭望

四、叉车在陶瓷工程中的安全操作规范

（1）持有_____者方可操作。

（2）穿着注意_____。

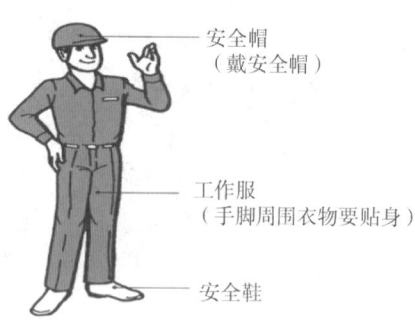

安全帽
（戴安全帽）

工作服
（手脚周围衣物要贴身）

安全鞋

图 3-37　穿着工装

（3）设计正确的_____。

（4）注意_____叉车。

图 3-38　定期保养

（5）_____手扶持货物。

图 3-39　严禁手持货物

（6）在转弯盲角处_____速度。

图 3-40　拐弯慢速

（7）开车前要注意检查叉车的_____。

图 3-41　工前检查

（8）注意机动车辆和叉车转向轮位置的不同，机动车辆一般为_____转向，而叉车一般为_____转向。

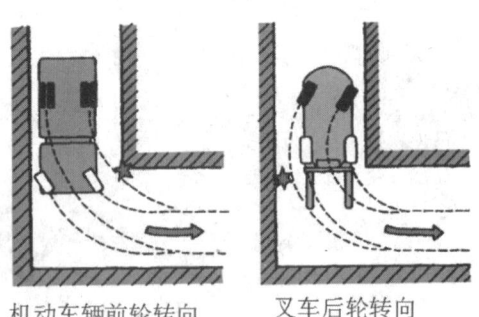

机动车辆前轮转向　　　叉车后轮转向

图 3-42　注意转向轮位置

（9）在黑暗处操作时打开_____。

图 3-43　亮灯操作

（10）调节_____宽度以适应托盘的定位。

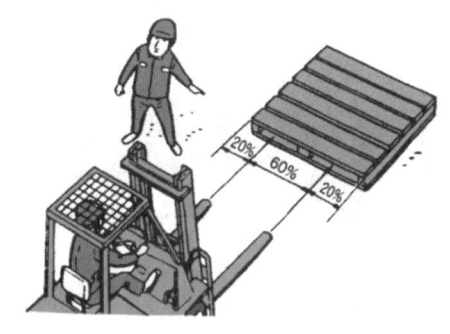

图 3-44　调整货叉

（11）注意_____限制。

图 3-45　注意限高

（12）遵守_____限制规定。

图 3-46　注意限速

（13）在平地上行驶时_____门架。

图 3-47　门架放低

（14）无负载行驶在斜坡上时，可采用_____或_____方式操作叉车。

图 3-48　无负载上下坡

（15）有负载行驶在斜坡上时，货物必须在_____，以免发生货物倾覆。

图 3-49　有负载上下坡

（16）严禁在＿＿＿＿＿和＿＿＿＿＿之间工作。

图 3-50　严禁在门架和护顶间工作

（17）严禁＿＿＿＿＿转弯或者＿＿＿＿＿转弯，以免翻车。

图 3-51　严禁高速转弯

（18）货物必须均匀放置到两个货叉的＿＿＿＿＿。

图 3-52　货物置中

五、叉车在陶瓷工程中的安全操作注意事项

（1）不要跳离叉车。

图 3-53 ＿＿＿＿＿＿叉车

（2）注意行人。

图 3-54 ＿＿＿＿＿＿行人

（3）注意地板的支撑强度。

图 3-55 注意地板＿＿＿＿＿强度

（4）不得运载人员。

图 3-56 不得_____人员

（5）视野要开阔。

图 3-57 _____要开阔

（6）禁止_____式或打闹式驾驶叉车。

图 3-58 严肃开车

（7）注意运载庞大货物并在＿＿＿＿＿＿＿＿＿行驶方法。

图 3-59　注意庞大货物载运

（8）加油或检查蓄电池时不允许＿＿＿＿＿＿＿＿＿。

图 3-60　严禁吸烟

（9）注意＿＿＿＿＿＿＿＿离开叉车。

图 3-61　安全离车

六、叉车在陶瓷工程中的驾驶常见违规现象

叉车驾驶常见的违规现象主要有_____、_____、倒车不观察、转弯过急、_____、_____等。

图 3-62 超速

图 3-63 超高

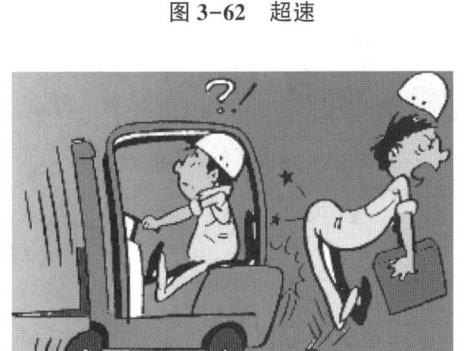

图 3-64 倒车不观察

图 3-65 转弯过急

图 3-66 注意力分散

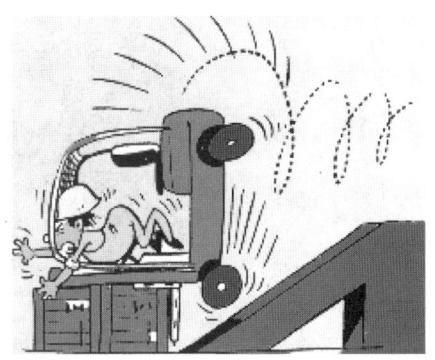

图 3-67 未倒车下坡

第三节　叉车在陶瓷工程中的日常检查与保养

一、叉车在陶瓷工程中的日常检查

1. 检查叉车轮胎

主要检查轮胎_____是否缺少、松动；检查轮胎_____。

图 3-68　检查轮胎

2. 检查链条

检查升降链条的_____度，是否_____。

图 3-69　检查升降链条

3. 检查叉车门架

检查叉车门架是否_____，检查油漆是否_____。

图3-70 检查门架

4. 检查铲臂_____销子

图3-71 检查挂钩销子

5. 检查叉车电瓶

电瓶_____是否腐蚀、缺损；电解液是否_____，电瓶是否_____。电瓶正负极连接线是否_____，电瓶表面是否有溢出_____，有的话擦拭干净。发电机是否_____。

图3-72 检查电瓶

6. 检查_____

检查液压油时，一定要选择早上_____叉车发动机之前进行检查才会准确。油箱通气孔畅通，_____在最低位置时，液压油油面距油箱上平面_____mm左右。

图 3-73　检查液压油

7. 检查_____

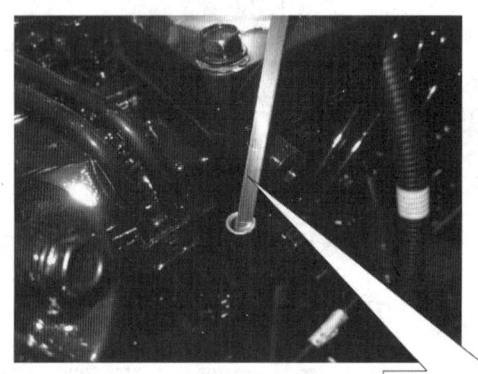

在两个横杆之间为正常

图 3-74　检查机油

8. 检查叉车_____

车灯是否_____、无破损；叉车灯包括大灯、转向灯、倒车灯。

9. 检查各轴承

检查轴承上面是否有_____；加注至轻微冒出"_____"为宜。

图 3-75　检查车灯　　　　　　　　　　图 3-76　检查轴承

10. 检查整车

检查整车状况：_____是否脱落；叉车上外设电风扇是否_____。

图 3-77　检查整车

11. 上车_____

图 3-78　上车检查

12. 发动机_____检查

检查_____表；检查_____表，
水温表是指示发动机工作温度的重要仪表，
出水口正常工作温度为_____℃；检查
机油压力表，_____是指示发动机润滑
工作情况的重要仪表。正常使用压力为
_____MPa，慢速时压力为
_____MPa。

图 3-79　启动检查

13. 检查_____

图 3-80　转向灯检查

14. _____检查

环顾四周，看看有无_____或_____在叉车周围，以免发生危险。鸣
笛后再起步。_____挡起步慢行。

图 3-81　起步检查

二、叉车在陶瓷工程中的保养

（1）叉车保养易损件清单。

表 3-5　叉车保养易损件清单

序号	描述	图形/规格	数量/每次
1			1
2			1
3			1
4			1
5			5L（1~1.8t） 6.5~7.5L（2~3.8t）

续表

序号	描述	图形/规格	数量/每次
6			35~40L（1~1.8t） 40~50L（2~3.8t）
7			6L（1~1.8t） 8L（2~3.8t）
8			5.5L（1~1.8t） 8L（2~3.8t）
9			1.5L（1~3.8t）

序号	描述	图形/规格	数量/每次
10			10~11L
11			

（2）维护保养周期及内容。

表 3-6　保养周期：166 小时或 1 个月以先到为准

序号	项目	步骤
1	发动机机油	
2	机油滤清器	
3	燃油滤清器	
4	空气滤清器滤芯	
5	液力变速箱吸油滤芯	
6	制动液	
7	发动机机油	
8	液力变速箱油液	

表 3-7 保养周期：322 小时或 2 个月以先到为准

序号	项目	步骤
1	制动液	
2	机油滤清器	
3	空气滤清器滤芯	
4	发动机机油	
5	燃油滤清器	

表 3-8 保养周期：500 小时或 3 个月以先到为准

序号	项目	步骤
1	机油滤清器	
2	燃油滤清器	
3	空气滤清器滤芯	
4	制动液	
5	发动机机油	
6	差速器齿轮油	

表 3-9 保养周期：666 小时或 4 个月以先到为准

序号	项目	步骤
1	机油滤清器	
2	燃油滤清器	
3	空气滤清器滤芯	
4	制动液	
5	发动机机油	
6	差速器齿轮油	

表 3-10　保养周期：832 小时或 5 个月以先到为准

序号	项目	步骤
1	机油滤清器	
2	燃油滤清器	
3	空气滤清器滤芯	
4	制动液	
5	差速器齿轮油	

表 3-11　保养周期：1000 小时或 6 个月以先到为准

序号	项目	步骤
1	发动机机油	
2	机油滤清器	
3	燃油滤清器	
4	空气滤清器滤芯	
5	液力变速箱吸油滤芯	
6	液力变速箱油液	
7	变速器齿轮油	
8	制动液	
9	液压油回油滤清器	
10	液压油	

表 3-12　保养周期：1166 小时或 7 个月以先到为准

序号	项目	步骤
1	发动机机油	
2	机油滤清器	
3	燃油滤清器	
4	制动液	
5	空气滤清器滤芯	
6	差速器齿轮油	

表 3-13　保养周期：1332 小时或 8 个月以先到为准

序号	项目	步骤
1	发动机机油	
2	机油滤清器	
3	燃油滤清器	
4	制动液	
5	空气滤清器滤芯	
6	差速器齿轮油	

表 3-14　保养周期：1500 小时或 9 个月以先到为准

序号	项目	步骤
1	发动机机油	
2	机油滤清器	
3	燃油滤清器	
4	制动液	
5	空气滤清器滤芯	
6	差速器齿轮油	

表 3-15　保养周期：1666 小时或 10 个月以先到为准

序号	项目	步骤
1	发动机机油	
2	机油滤清器	
3	燃油滤清器	
4	空气滤清器滤芯	
5	制动液	
6	差速器齿轮油	

表 3-16　保养周期：1832 小时或 11 个月以先到为准

序号	项目	步骤
1	发动机机油	
2	机油滤清器	
3	燃油滤清器	

续表

序号	项目	步骤
4	空气滤清器滤芯	
5	制动液	
6	差速器齿轮油	

表 3-17　保养周期：2000 小时或 12 个月以先到为准

序号	项目	步骤
1	发动机机油	
2	机油滤清器	
3	燃油滤清器	
4	空气滤清器滤芯	
5	液力变速箱吸油滤芯	
6	液力变速箱油液	
7	变速器齿轮油	
8	制动液	
9	液压油回油滤清器	
10	液压油	

（3）定期更换关键安全零件。

表 3-18　定期更换关键安全零件年限表

关键安全零件名称	使用年限（年）
制动软管或硬管	
起升系统用液压胶管	
起升链条	
液压系统用高压胶管或软管	
制动液油杯	
燃油软管	
液压系统内部密封件	

（4）常用配件的安装与保养。

1）空气滤清器滤芯安装在车身_____侧。

图 3-82 空气滤清器安装位置

2）液压油回油滤清器更换。

图 3-83 液压油回油滤清器更换

红框为液压油回油_____总成，更换时将盖板螺丝拧松取出。

3）燃油滤清器更换。燃油滤清器位于发动机和车身_____侧。

图 3-84 燃油滤清器位置

4）机油滤清器更换。机油滤清器位于燃油滤清器_____方位置。

图 3-85　机油滤清器位置

5）发动机机油更换。添加机油时注意机油油标尺刻度，如图 3-86 所示添加至_____区域即可。

图 3-86　发动机机油更换

6）制动液更换。制动液油杯位于制动踏板_____方，添加时注意油杯刻度。

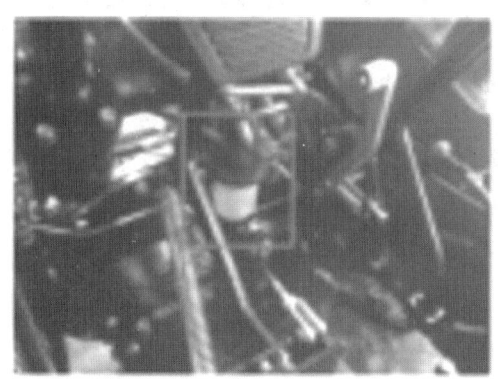

图 3-87　制动液更换

7）_____添加。左右倾斜油缸添加点，图3-88、图3-89为黄油嘴位置。

图 3-88 黄油添加（前部）

后桥左右黄油添加点，后桥左右共六处黄油嘴。

图 3-89 黄油添加（后部）

第四章　陶瓷机械——装载机

第一节　装载机的概述

一、装载机在陶瓷工程中的发展史

装载机开始制造是在＿＿＿＿＿世纪初，始于＿＿＿＿＿，后来逐步发展到＿＿＿＿＿、德国、＿＿＿＿＿、日本等国家。

二、装载机在陶瓷工程中的用途

装载机是一种广泛应用于＿＿＿＿＿、铁路、＿＿＿＿＿、建筑、水电、＿＿＿＿＿等工程的土方施工机械，它主要用来铲、装、卸、运＿＿＿＿＿物料，也可对岩石、硬土进行＿＿＿＿＿铲掘作业，＿＿＿＿＿转运工作。

图4-1　装载机的用途

更换不同的_____，还可以用来_____、起重、_____其他物料和货物。

图 4-2　装载机不同的工作装置

三、装载机在陶瓷工程中的类型

1. 按行走装置分为轮胎式、履带式

（1）轮胎式装载机。又分为_____车架装载机与_____车架装载机。

_____装载机特别适于井下物料装卸运输作业。

图 4-3　轮胎式装载机

（2）履带式装载机。接地比压_____、通过性_____、重心_____、稳定性_____、附着性能_____、牵引力_____、比切入力_____；用在工程量_____，作业点_____，路面条件_____的场地。

2. 按装载方式分为_____、_____

图 4-4　履带式装载机

图 4-5　侧卸式

3. 按转向方式分为_____、_____、_____、_____

图 4-6　铰接转向式装载机

图 4-7　铰接转向机构

图 4-8   滑移转向式装载机   图 4-9   全轮转向式装载机

四、装载机在陶瓷工程中的基本结构

1. 轮式装载机基本构成

轮式装载机主要由_____、_____、_____系统、_____系统、_____系统、_____系统、_____系统、_____系统等部分组成。

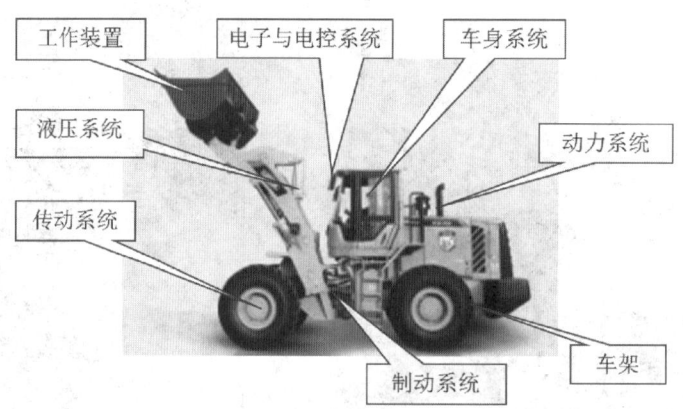

图 4-10   轮式装载机基本构成

2. 车架系统

车架总成是安装各总成、部件的基础。装载机车架可分为_____式和_____式两类。

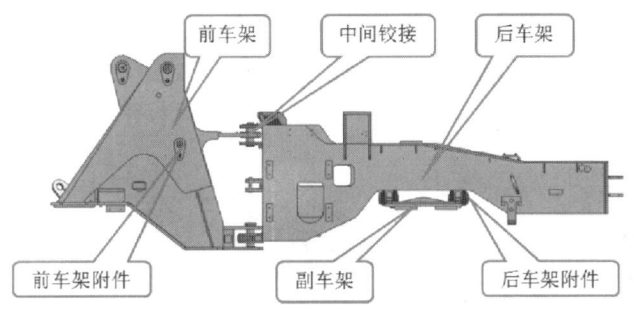

图 4-11　车架总成

3. 工作装置

工作装置由＿＿＿＿＿＿、＿＿＿＿＿＿、＿＿＿＿＿＿、＿＿＿＿＿＿等组成，是装载机作业的＿＿＿＿＿＿机构。

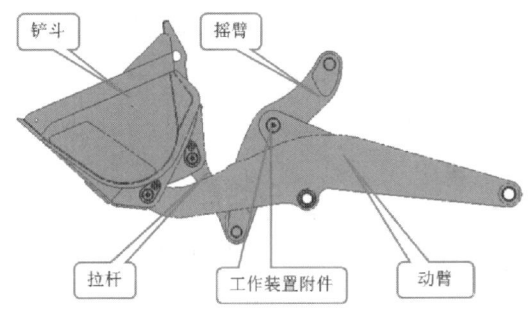

图 4-12　工作装置

4. 动力系统

＿＿＿＿＿＿为装载机的行走、作业等提供动力。

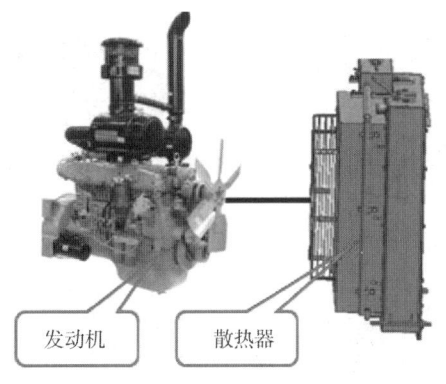

图 4-13　动力系统

5. 传动系统

装载机动力装置和驱动轮之间所有传动部件称为_____系统。

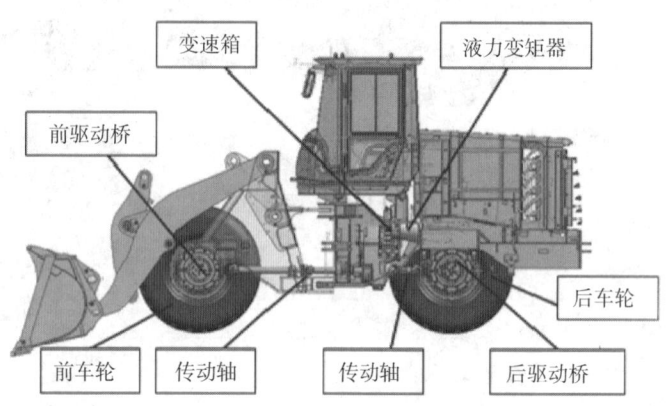

图 4-14　传动系统

传动路线：

$$发动机 \rightarrow 液力变矩器 \rightarrow 变速箱 \rightarrow \begin{cases} 传动轴 \rightarrow 后驱动桥 \rightarrow 后车轮 \\ 传动轴 \rightarrow 前驱动桥 \rightarrow 前车轮 \end{cases}$$

图 4-15　传动路线

6. 液力变矩器

液力变矩器主要由_____、_____和_____组成。

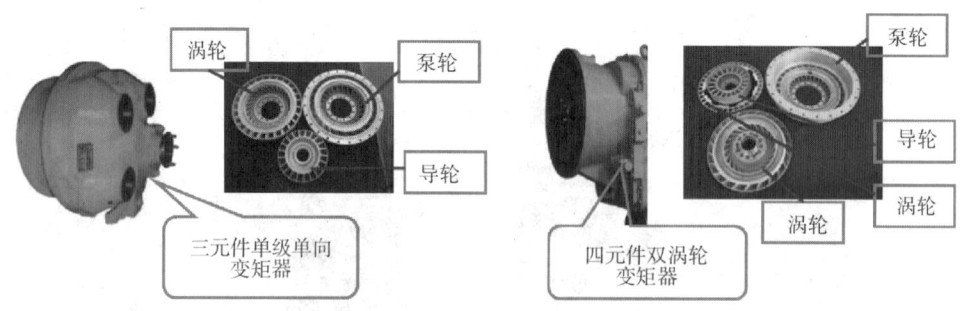

图 4-16　装载机液力变矩器

7. 变速箱形式

变速箱按齿轮传动形式分为_____式和_____式两种。

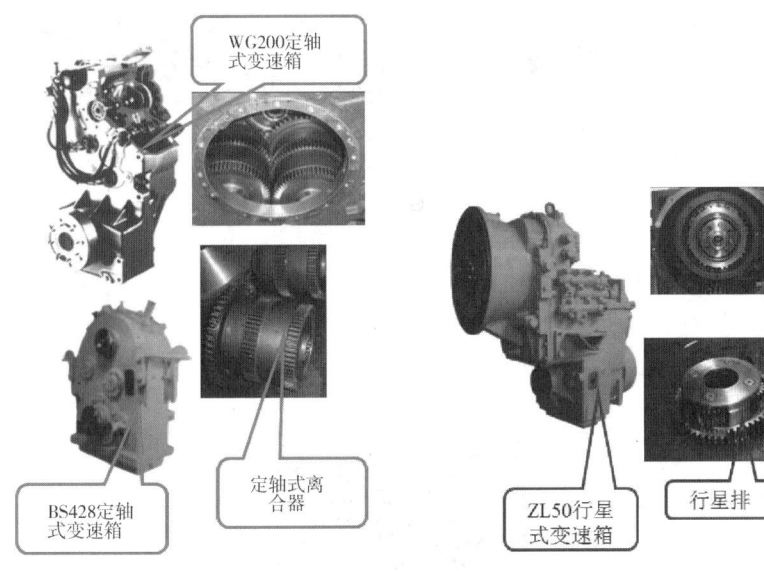

图 4-17 装载机定轴式变速箱   图 4-18 装载机行星齿轮式变速箱

8. 驱动桥

驱动桥主要由主_____系统、差速器、半轴、_____、制动器以及_____组成。

目前，装载机驱动桥制动器主要有_____和_____两种。

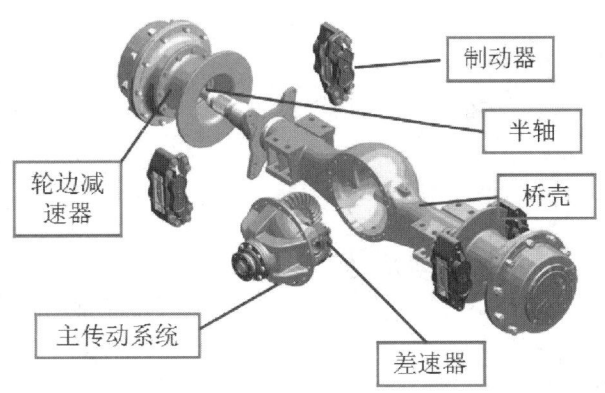

图 4-19 干式驱动桥基本结构

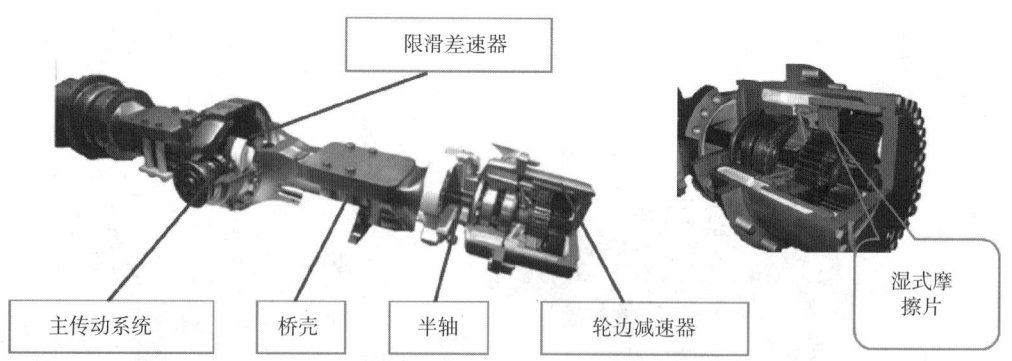

图 4-20　湿式驱动桥基本结构

9. 车轮

车轮主要包含＿＿＿＿＿＿＿＿和＿＿＿＿＿＿＿＿两部分。

图 4-21　装载机车轮

五、装载机在陶瓷工程中的工作装置

1. 装载机的转斗机构

轮式装载机工作装置中的转斗机构广泛采用＿＿＿＿＿＿＿＿和＿＿＿＿＿＿＿。

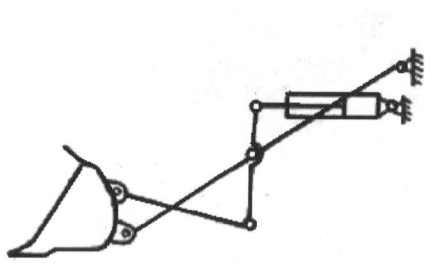

图 4-22　反转六连杆机构

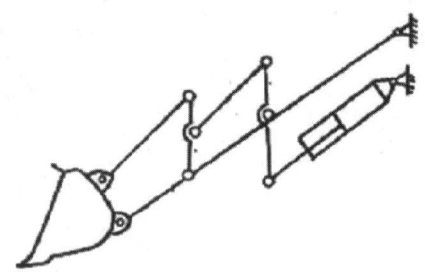

图 4-23　正转八连杆机构

2. 装载机的附属工属具

装载机的附属工属具主要有_____、_____、_____、_____、_____、_____。

图 4-24　液压钳

图 4-25　加大铲

图 4-26　前后侧翻铲

图 4-27　侧翻铲

图 4-28　岩石斗

图 4-29　除雪铲

3. 装载机的主要参数

装载机的主要参数有＿＿＿＿＿＿、＿＿＿＿＿＿、＿＿＿＿＿＿、＿＿＿＿＿＿等。

图 4-30　装载机的主要参数

4. 传动系统的组成

装载机的传动系统由变矩器、变速箱、＿＿＿＿＿＿、＿＿＿＿＿＿驱动桥及

＿＿＿＿＿＿组成。

目前广泛使用的是＿＿＿＿＿＿式轴齿轮差速器。

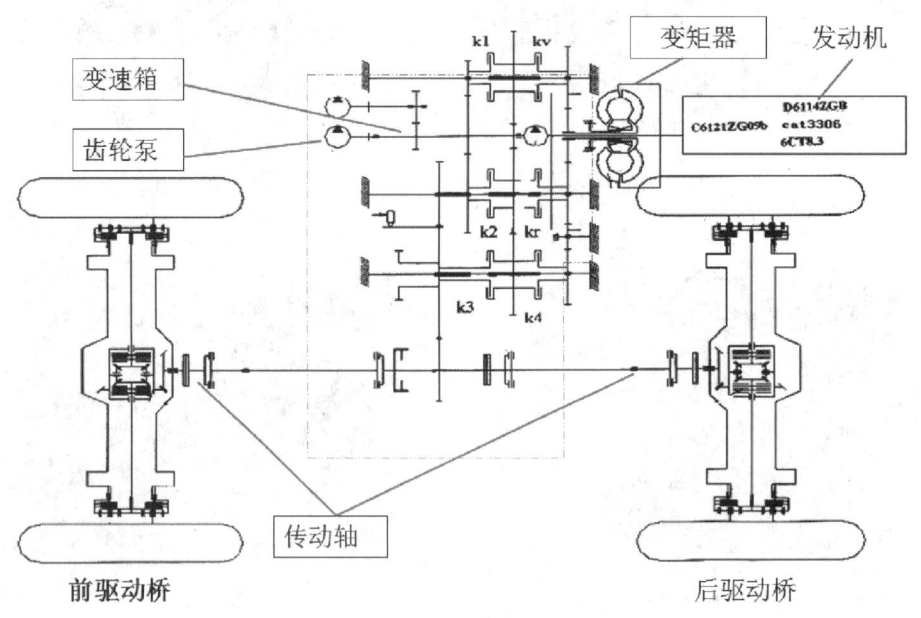

图 4-31　传动系统原理

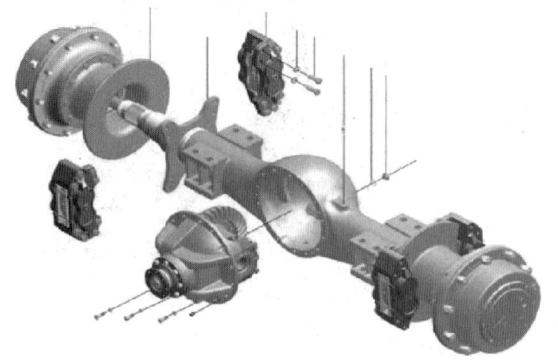

图 4-32　差速装置

图 4-33　制动器

5. 工作装置主要部件

（1）装载机工作液压泵。泵是能量的转换机构，将_____能转换为_____能，如油缸、马达等。

转向油泵是为装载机_____机构提供高压液体的机构，为_____油缸提供高压液体。

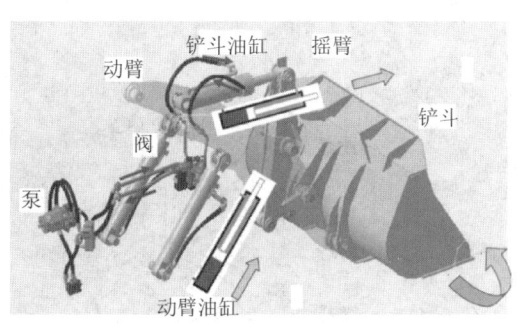

图 4-34　工作装置主要部件

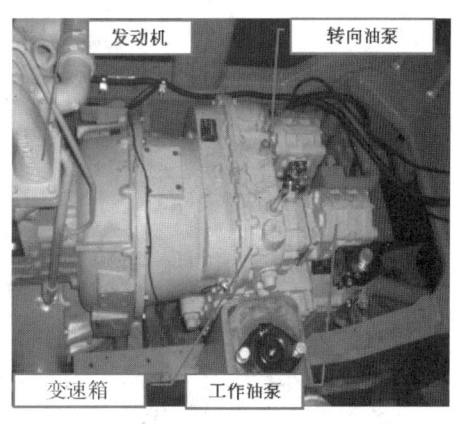

图 4-35　装载机转向油泵和工作油泵

（2）动力切断开关和熄火拉线。装载机在上下坡时，手柄应扳到_____位置（关），为防止脚制动突然失灵而发生危险。

在发动机运转时，将熄火拉线_____，发动机熄火。

（3）前车架和后车架。_____主要负责工作装置、主控制阀、前桥及其附件的安装连接固定。_____主要负责发动机、变速箱、后桥、散热系统、驾驶室等附件的安装连接固定。

（4）工作装置的主要构成部件：_____、连杆、_____、动臂、_____、_____、动臂油缸。

图 4-36　熄火拉线

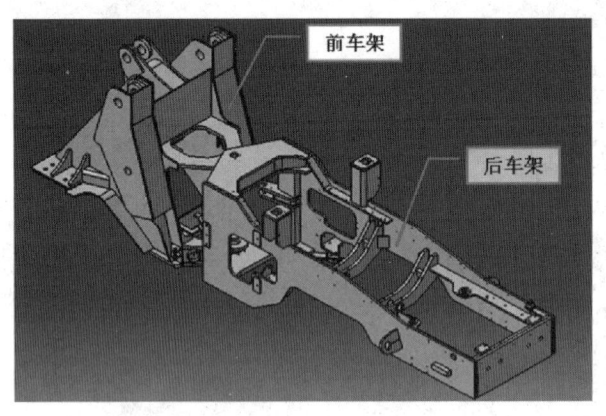

图 4-37　前车架和后车架

图 4-38　装载机的工作装置

6. 电气系统

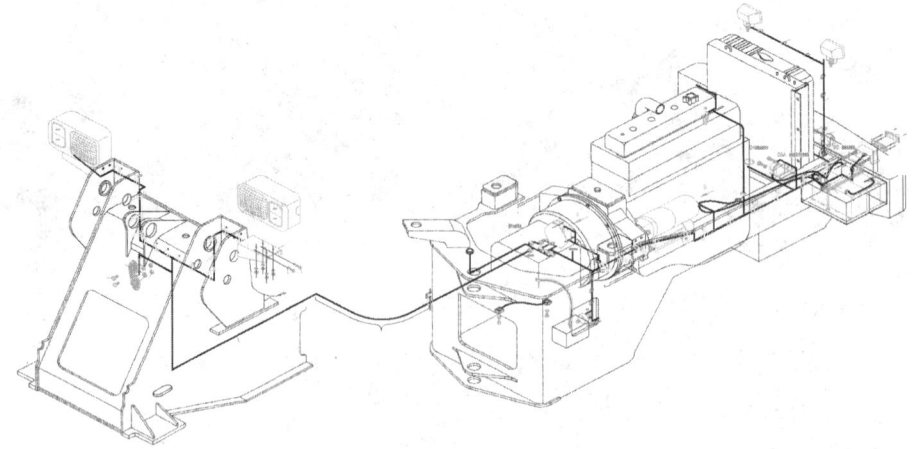

图 4-39　装载机的电气系统

装载机的电气系统主要由以下五部分组成：

（1）_____部分。

（2）_____装置。

（3）_____设备。

（4）_____设备。

（5）_____设备。

第二节　装载机在陶瓷工程中的基本操作

一、装载机仪表台、操纵机构的认识

1. 装载机的基本结构

图 4-40　装载机的_____

2. 整机的各种仪表识读

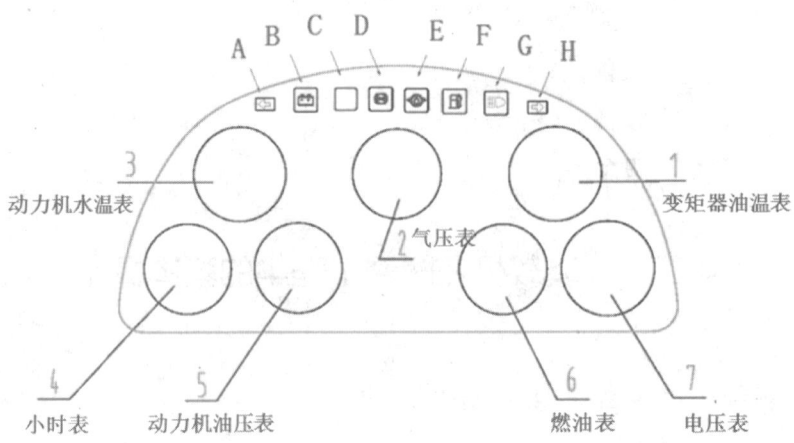

图 4-41 整机的各种_____识读

A—左转向灯；B—蓄电池指示灯；C—驻车制动指示灯；D—低气压报警灯；

E—变速箱油压报警灯；F—燃油警示灯；G—远光灯指示灯；H—右转向灯

3. 驾驶室内各操纵杆的识别与运用

图 4-42 驾驶室内_____的识别

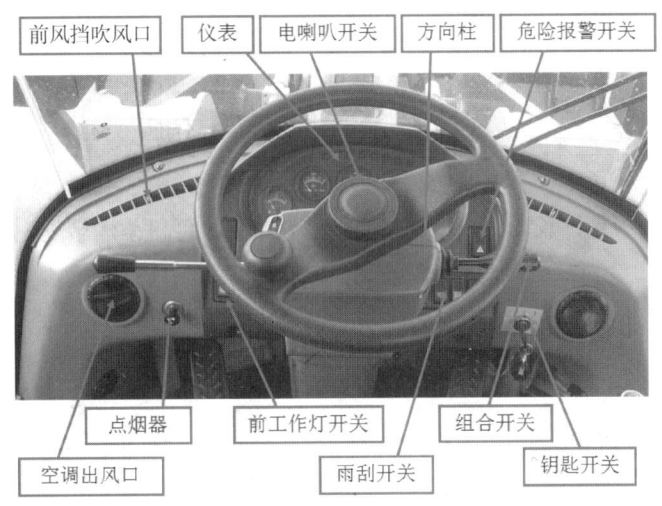

前风挡吹风口　仪表　电喇叭开关　方向柱　危险报警开关

点烟器　前工作灯开关　组合开关

空调出风口　雨刮开关　钥匙开关

图 4-43　整体＿＿＿＿＿＿＿＿开关布置

二、装载机的启动、预热和停车

柴油机的启动和预热

1. 启动前的准备

检查柴油机各部分是否＿＿＿＿＿＿＿＿＿；检查电动启动系统电路接线是否＿＿＿＿＿＿＿＿。必须检查＿＿＿＿＿＿＿＿位、柴油位、＿＿＿＿＿＿＿＿位。柴油机必须＿＿＿＿＿＿＿＿启动。

2. 柴油机的启动

脱开柴油机与负载连动装置或将变速箱挡位置于＿＿＿＿＿＿＿＿位置。

将停机电磁铁、电器开关和机械操纵装置处于＿＿＿＿＿＿＿＿位置。

打开电钥匙（START 位置），按下＿＿＿＿＿＿＿＿按钮，使柴油机启动。

3. 柴油机的预热

每次启动后必须进行＿＿＿＿＿＿＿＿。

4. 柴油机的停车

（1）正常停车。所谓正常停车就是在停车前，柴油机应逐渐＿＿＿＿＿＿＿＿转速和负荷，并运转 3~5 分钟，再把停车手柄推到＿＿＿＿＿＿＿＿位置。

（2）紧急停车。就是在紧急情况下直接把＿＿＿＿＿＿＿＿推到停止供油位置。一般采取紧急停车的情况有：柴油机的＿＿＿＿＿＿＿＿，车辆工作或行驶中发生的＿＿＿＿＿＿＿＿情况。

三、装载机操作过程中的注意事项

（1）柴油机不能_____，_____运转；不能_____不符合规定的柴油、机油、冷却液。

（2）柴油机不允许长时间_____运转，长时间高速运转容易引起前、后油封_____，甚至导致供油不稳，局部_____不足。

（3）柴油机在最初使用的 80～100 小时（_____）内，应不超过_____%负荷运行。

（4）安全标志位置。

图 4-44　安全标志位置

1—动臂安全警告；2—转向安全警告；3—油箱标识；4—操作安全标识；5—吊钩；

6—维修操作安全标识；7—倒车安全标识

（5）安全标志。

四、装载机驾驶安全操作规程

装载机安全操作：

（1）穿戴好_____。

- 不能在工作装置下面行走
  位于动臂（铲斗）两侧

- 请勿靠近
  位于前后车驾铰接处

- 油箱标识
  整车运输状态，上面是液压油箱
  下面是燃油箱

- 请阅读说明书并用正确的方法操作，
  位于驾驶室侧门

- 吊钩
  位于前后车架起吊处

- 发动机运转时不要靠近风扇，
  位于机罩两侧

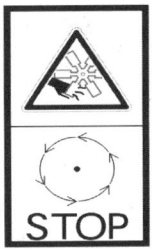

- 不要靠近机器位
  于平衡重两侧

图 4-45　安全标志

（2）检查_____油位。

图 4-46　检查燃油油位

（3）检查发动机_____油位。

图 4-47　检查发动机机油油位

（4）检查_____液位。

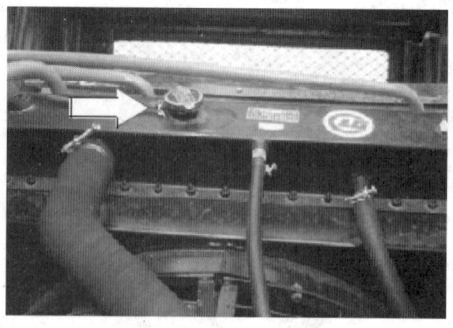

图 4-48　检查冷却液液位

（5）检查_____油位。

（6）检查_____油位。

（7）排除燃油预滤器及油水分离器中_____和_____。

（8）检查发动机_____和驱动_____。

（9）检查轮胎_____及损坏情况。

只有经过相关部门培训且获得培训结业证的人员方可_____装载机。

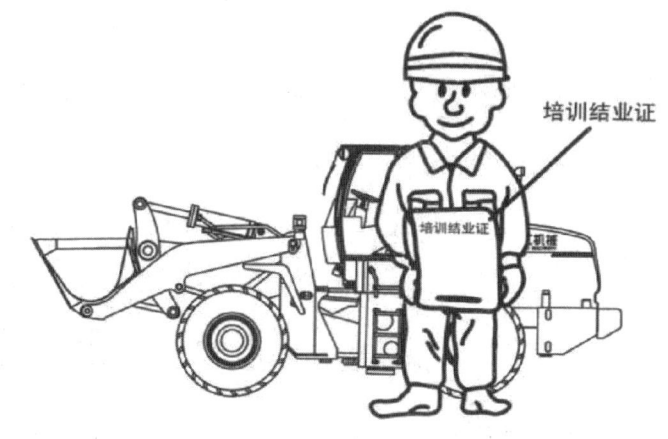

图4-49 获得培训结业证的人员方可驾驶装载机

严禁_____驾车，决不可在身体不佳的情况下操作车辆。

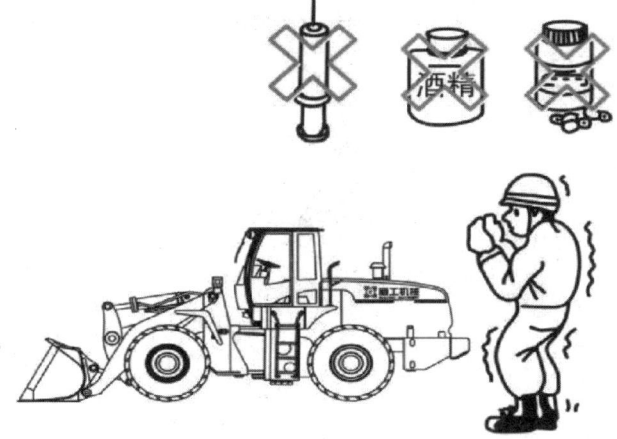

图4-50 严禁酒后驾车

发车前应认真_____车辆的状况。

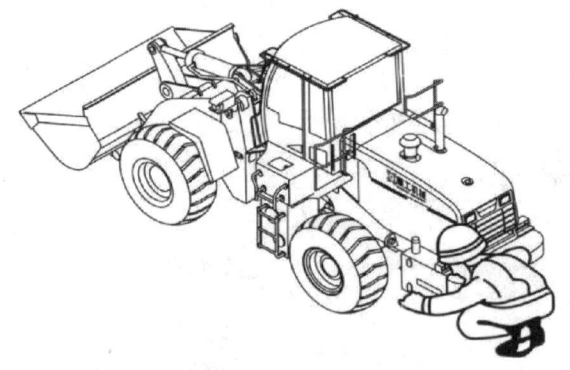

图 4-51　发车前检查车辆状况

加油时严禁_____。

图 4-52　加油时严禁吸烟

开动车辆前，应先鸣_____，发出信号。

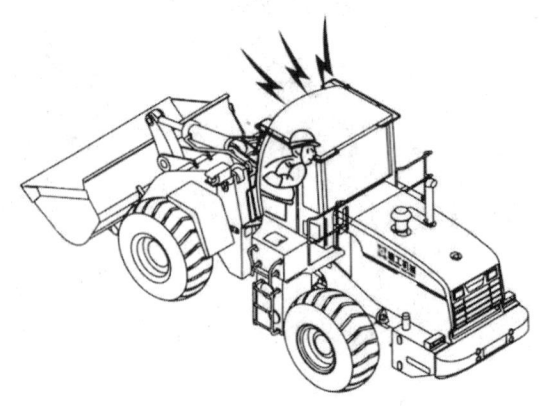

图 4-53　先鸣喇叭

上车或下车时要面对机子、手拉扶手、脚踩阶梯，绝不可_____或_____机子。

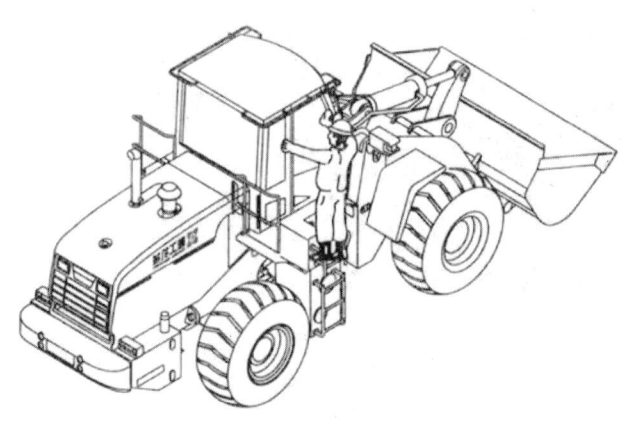

图 4-54　手拉扶手上下车

开车时不可将脚放在作业装置上或将身体_____车辆之外。

图 4-55　不可将身体伸出车辆之外

操作时不可_____，四处张望，心不在焉。

严禁用铲斗_____，驾驶室外侧不可搭乘人员。

在通过铁道口时要在确定安全的情况下迅速通过，不要停留，在通过道路路口时要_____。

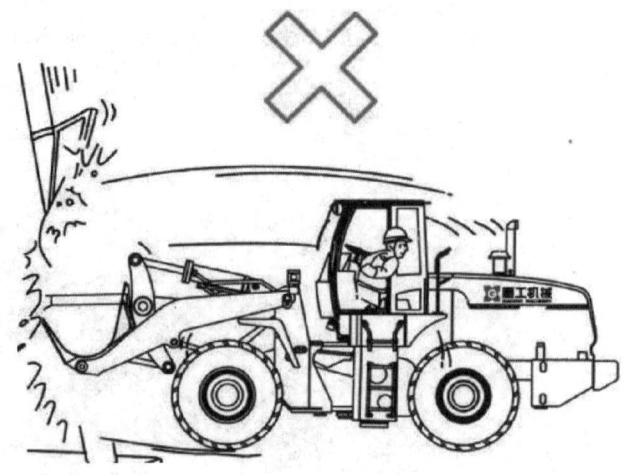

图 4-56　不可分心

图 4-57　严禁用铲斗载人

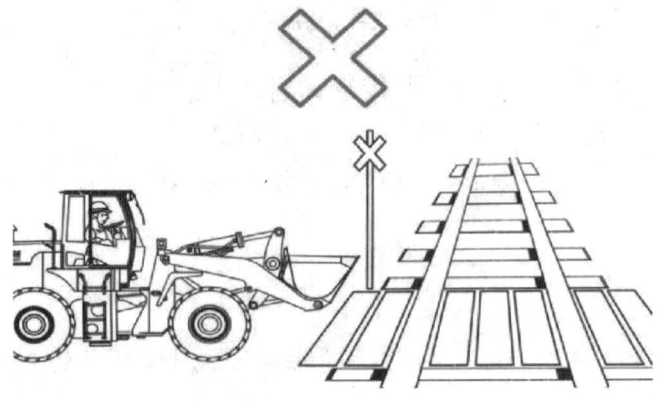

图 4-58　通过铁道口时要确认安全

不要＿＿＿＿＿装满物料的铲斗运输。

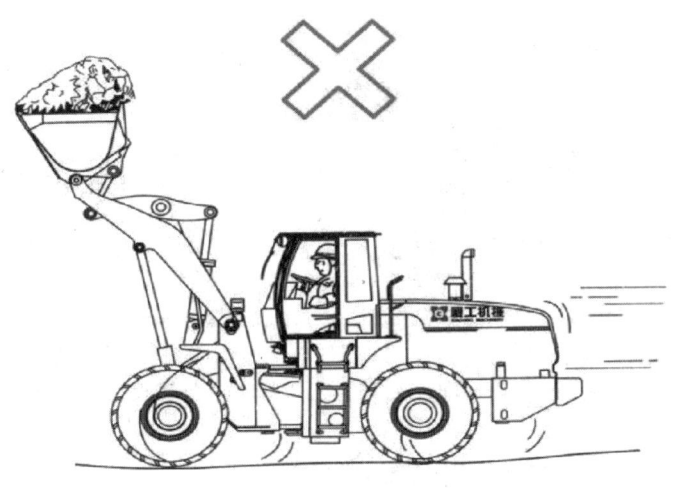

图 4-59　不要高举装满物料的铲斗运输

动臂高举时臂下严禁＿＿＿＿＿。

图 4-60　动臂高举时臂下严禁站人

运输时，应避免＿＿＿＿＿、急刹车和＿＿＿＿＿。

在崎岖、光滑路面或山坡上行驶时，避免＿＿＿＿＿行车，不要＿＿＿＿＿和急刹车。

路面上有撒落物时，有时会发生方向盘控制困难，因此通行时必须＿＿＿＿＿速度。

图 4-61　避免急行车、急刹车和急转弯

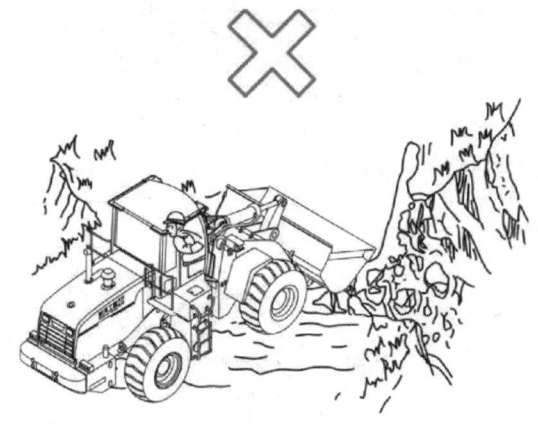

图 4-62　避免高速行车

图 4-63　路面上有撒落物时要降低速度行驶

在前方视线不佳时，要_____行车速度，必要时要_____告知其他车辆或行人。

图 4-64　视线不佳时要降低行车速度

在夜间行车或夜间作业时，务必打开适合于照明的_____进行行车。

图 4-65　夜间行车时要打开照明灯

路面状况不良时，应当_____操作，避免发生_____现象。

当工作地点有落石或车辆有倾翻的危险时，驾驶人员要注意_____，做到安全作业。

在潮湿或松软的地方作业时，要注意车轮的_____或车辆的_____。

图 4-66　路面状况不良时要谨慎操作

图 4-67　车辆有倾翻的危险时要注意观察

图 4-68　松软的地方作业时要注意车轮陷落

在下坡前先选择合适的挡位，切勿在下坡过程中_____。

图 4-69 切勿在下坡过程中换挡

当车辆在坡地上行驶时，发动机突然熄火应立即采取脚制动与手制动并用，将铲斗降到_____上的措施，然后下车将物料顶在轮胎可能_____方向。

图 4-70 车辆在坡地上行驶的方法

装载物体时不可_____其承受的装载能力。

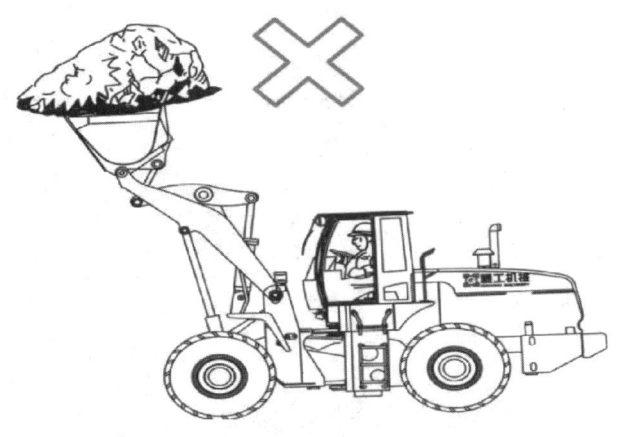

图 4-71 不可超过其承受的装载能力

作业时不得高速_____物料堆（易引起机器损坏）。

图 4-72　不得高速冲入物料堆

第三节　装载机在陶瓷工程中的维护与保养

一、装载机油品的选择

1. 油品的基本知识

表 4-1　柴油的两大指标

序号	指标	含义
1		
2		

表 4-2　选用柴油的原则

柴油牌号	使用的环境温度
10	
5	
0	
−10	
−20	
−35	
−50	

2. 装载机油品的选择及使用部位

表 4-3　装载机油品的选择及使用部位

种类		牌号		使用部位
		夏季	冬季	
柴油（轻柴油）	北方			
	南方			
机油				
液力传动油				
齿轮油				
制动液				
液压油				
润滑脂				

二、装载机柴油发动机保养常识

1. 柴油

（1）要选用_____的柴油，柴油中_____和机械杂质越少越好。

（2）在季节气温发生变化时，必须要更换相应_____的柴油。

2. 机油

更换滤清器时要加满机油，在密封圈接触后，再拧紧_____到_____圈即可。拧得太紧会使螺纹变形或损坏_____密封圈。

3. 冷却液

柴油机的冷却液是用水和 DCA4 化学添加剂或防冻液和 DCA4 化学添加剂按一定_____配置而成的混合液体。

三、发动机在陶瓷工程中的每日保养内容

检查_____油面、_____面、_____带、_____风扇，排除燃油—水分离器中的水和_____。

四、整机在陶瓷工程中的定期保养

整机定期保养分为：8 小时、_____、100 小时、_____小时、600 小时、_____小时。

五、在陶瓷工程中每天 8 小时定期保养

检查发动机机油油位：正常机油油位在油尺的网格区域内。

图 4-73　检查发动机机油油位

检查水箱水位

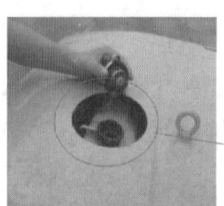

正常水位应该在加水孔表面（箭头所指平面）以下5厘米左右

检查液压油箱油位

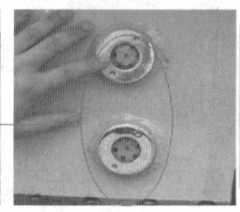

动臂最低，铲斗放平时，上考克无法看到液压油，下考克可以看到

图 4-74　检查水箱水位

正常水位应该在加水孔表面（箭头所指平面）以下_____厘米左右。

检查液压油箱油位时动臂最_____，铲斗放_____。

看轮胎是否明显_____。

听是否有_____的声音。

检查仪表的读数是否正常

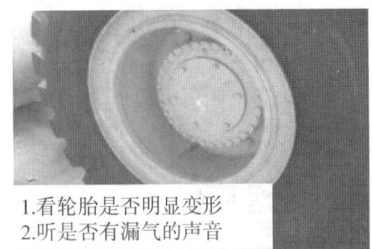

1.看轮胎是否明显变形
2.听是否有漏气的声音

工作装置所有销轴、中间铰接销、副车架销、各种油缸运动关节等应加注黄油（3号或4号钙基润滑油脂）
对于在铲斗会接触到水或其他特殊液体，应缩短黄油的加注时间

图4-75　检查仪表、轮胎、销轴等

工作装置所有销轴、中间铰接销、副车架销、各种油缸运动关节等应加注_____（3号或4号钙基润滑油脂）。

用工具将_____中间的凸部位向里顶，轻拍粗滤。

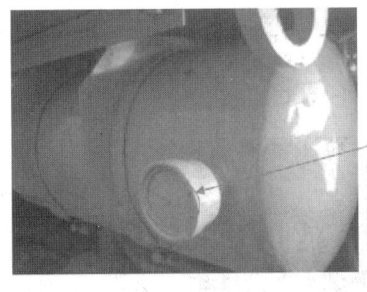

用工具将自动排水阀中间的凸部位向里顶

轻拍粗滤

图4-76　轻拍粗滤

六、在陶瓷工程中每周50小时定期保养

（1）检查_____。

擦干净空气滤清器_____。

图 4-77　检查空气滤清器

擦干净空气滤清器内表面

图 4-78　擦干净空气滤清器内表面

保养好后，按下空滤保养指示器，使其_____。

保养好后，按下空滤保养指示器，使其复位

图 4-79　按下空滤保养指示器

（2）前后车架铰接点、传动轴、副车架以及其他轴承等各点_____润滑脂。

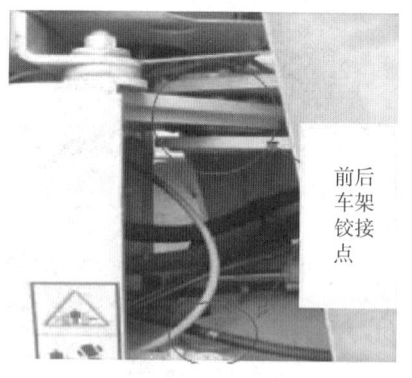

前后车架铰接点

图 4-80　前后车架铰接点

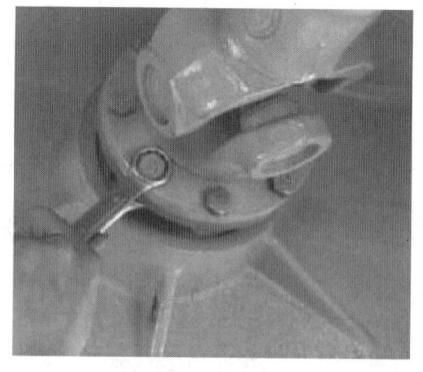

图 4-81　检查传动轴连接螺栓的紧固情况

（3）检查传动轴_____的紧固情况。制动系统关系到人机安全，严禁不同牌号的制动液混用。

（4）检查_____是否足够，如不足则及时添加。制动液须没过过滤网。

制动液须没过过滤网

图 4-82 制动液须没过过滤网

（5）旋开_____底部的放油塞及油水分离器的_____，排放积水和沉淀物。

旋松螺栓该圈螺栓

旋松底部放水开关

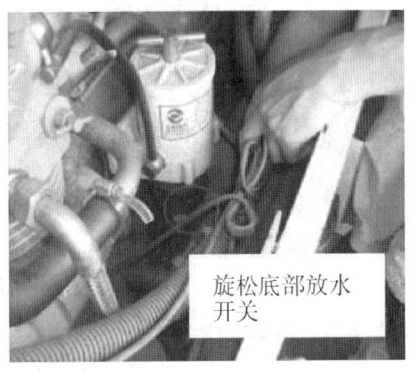

图 4-83 旋松螺栓

图 4-84 旋松底部放水开关

（6）检查油门操纵、手制动、_____装置等各软轴的固定是否_____。

七、在陶瓷工程中 100 小时定期保养

100 小时定期保养（半个月）应进行下述的维护保养。

（1）第一个 100 小时作业后，需要更换_____，并清洗或更换变速箱滤清器滤芯。

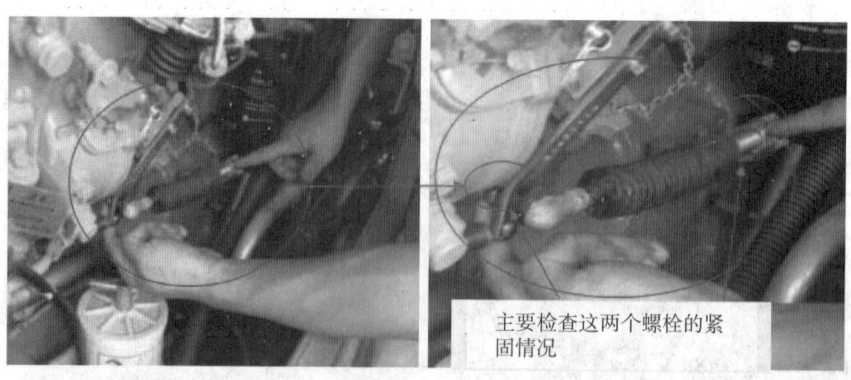

主要检查这两个螺栓的紧
固情况

图 4-85　检查各软轴的固定是否松动

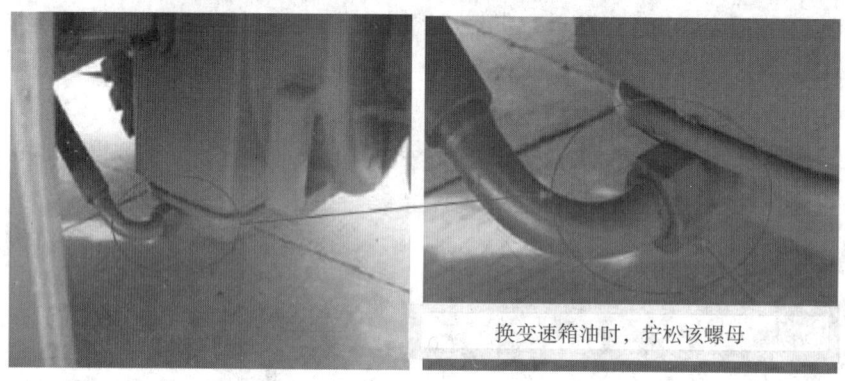

换变速箱油时，拧松该螺母

图 4-86　拧松变速箱螺母

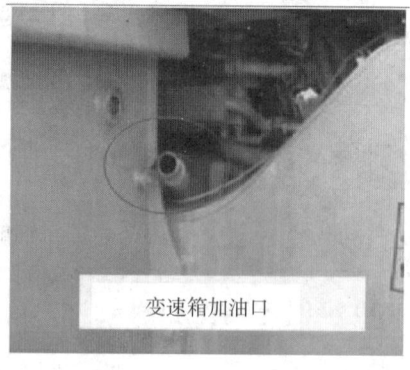

变速箱加油口

图 4-87　变速箱加油口

更换变速箱滤清器步骤：

1）用手拧下变速箱_____。

2）取出_____。

3）用机油或柴油清洗_____（或更换）。

4）重新安装好。

图 4-88　更换变速箱滤清器

变速箱滤清器滤芯

图 4-89　变速箱滤清器滤芯

（2）检查发动机_____、变速箱底座螺栓、_____固定螺栓、轮辋螺栓、_____处螺栓、盘式_____固定螺栓是否松动。

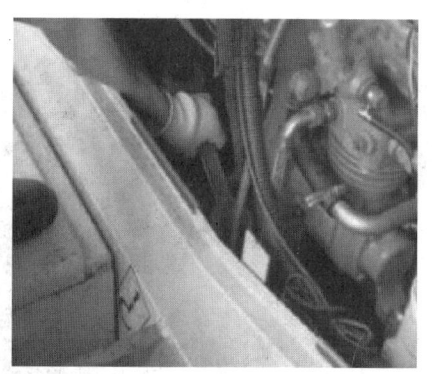

图 4-90　检查发动机底座螺栓

图 4-91　检查变速箱底座螺栓

图 4-92　检查驱动桥固定螺栓

图 4-93　检查轮辋螺栓

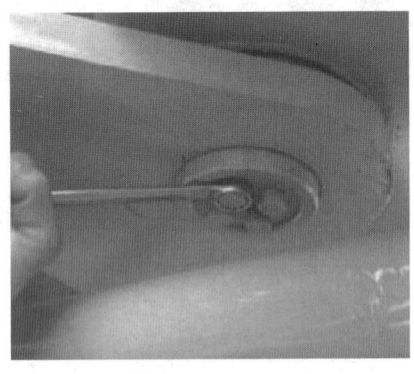

图 4-94　检查前后车架铰接处螺栓

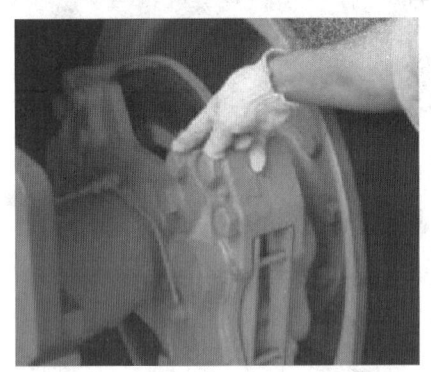

图 4-95　检查盘式制动器固定螺栓

（3）检查前后驱动桥齿轮油是否＿＿＿＿＿＿。拧松该螺塞，若没有齿轮油溢出，则须添加相同牌号的齿轮油。

图 4-96　检查前后驱动桥齿轮油是否足够

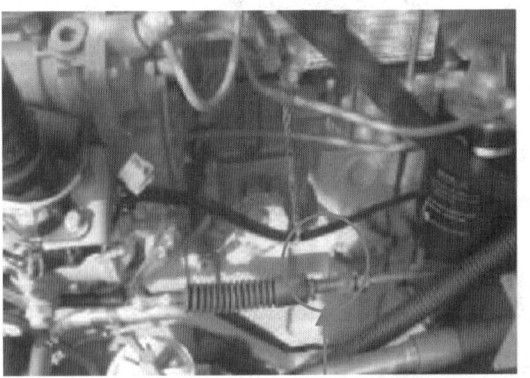

图 4-97　检查发动机机油量

（4）检查发动机_____量，如需要时，从滤油口加入发动机油。

（发动机机油油量检查方法见 8 小时保养第一项。）

（5）排放柴油机_____，更换机油滤清器。

图 4-98　机油加注口

（6）更换_____、冷却液水滤器及_____滤芯。

用发动机随机专用工具拆装_____（安装时注意 O 形圈的密封性）。

图 4-99　拆装机油滤清器

旋松螺柱后，更换里面的_____。

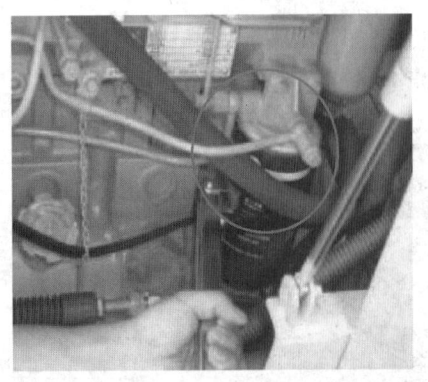 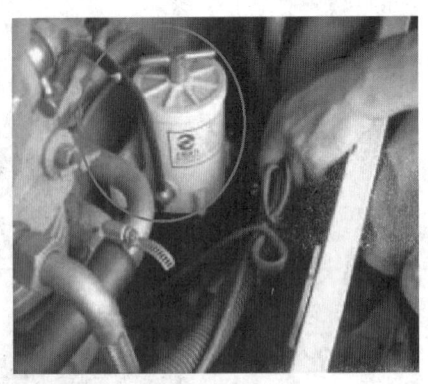

图 4-100　拆装柴油滤清器　　　　　　　　图 4-101　更换滤芯

1）旋松该处两个紧固螺栓。

2）用专用工具拆装。

图 4-102　旋松紧固螺栓

第五章　陶瓷机械——挖掘机

第一节　挖掘机的概述

一、挖掘机在陶瓷工程中的发展史

挖掘机的问世已经有_____多年了。

_____挖掘机最初是由美国人在 1837 年利用蒸汽动力原理设计的。

图 5-1　机械动力驱动挖掘机

全回转式机械动力挖掘机的上部机构装有发动机，下部的行走体能够_____。

图 5-2　全回转式机械动力挖掘机

1924 年，_____进入了挖掘机发动机领域。

图 5-3　柴油发动机挖掘机

1948 年以后，各制造厂家相继制造完成了现代的新型_____挖掘机。

图 5-4　液压挖掘机

表 5-1　挖掘机发展历程

时代	挖掘机产品	开发公司
机械式时代		

续表

时代	挖掘机产品	开发公司
液压式时代		

二、挖掘机在陶瓷工程中的分类

液压挖掘机的分类方法有多种，但主要有下列分类方法：

按_____分类、按_____分类、按_____传动方式分类。

表 5-2　按工作质量分类

整机重量	类型	机型（以日立为例）
6t 以下		ZAXIS55R
6t 以上 10t 以下		ZAXIS70
10t 以上 40t 以下		ZX200、ZX330、ZX360-3
40t 以上 100t 以下		ZX450ZX470H-3
100t 以上		日立 EX8000

1. 按行走形式分类

可分为_____、轮胎式 、_____。

图 5-5　履带式、轮胎式 、汽车式

2. 按工作装置分类

前端附件工作装置因作业内容而异。

_____装置：主要适用于从地表面_____挖掘，更换铲斗可进行各种作业。

_____铲：主要是大型挖掘机的工作装置，主要用于地表_____的挖掘。

3. 按动力传动方式分类

挖掘机按动力传动方式可分为_____式挖掘机和_____式挖掘机。

液压式挖掘机运行灵活，维修简便，可配备多种_____。近年来，成了挖掘机的主流机型。

图 5-6　机械式拖铲挖掘机

图 5-7　液压式反铲挖掘机

图 5-8　机械式动力铲挖掘机

图 5-9　液压式正铲挖掘机

三、挖掘机在陶瓷工程中的结构

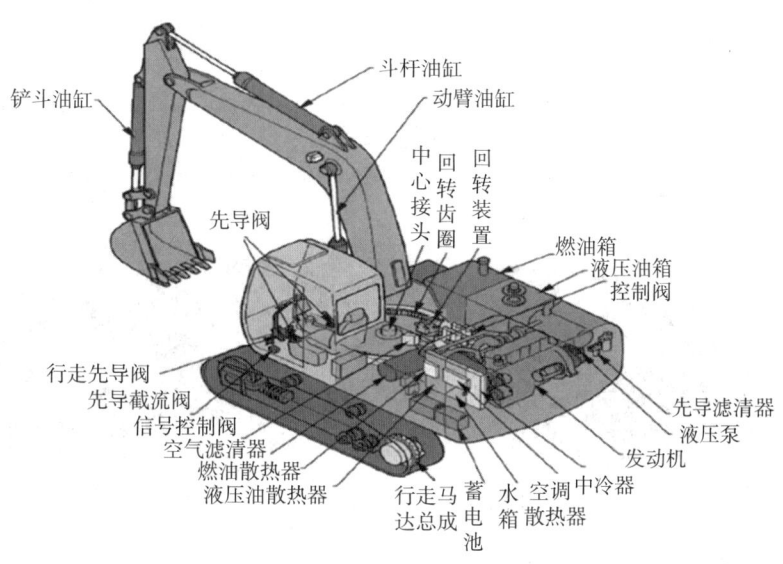

图 5-10　液压挖掘机的结构

常用的全回转式液压挖掘机的_____装置、_____装置的主要部分、_____机构、_____设备和_____等都安装在可回转的平台上，通常称为上部转台。因此，单斗液压挖掘机可概括成由_____、_____机构和_____装置三个部分组成。

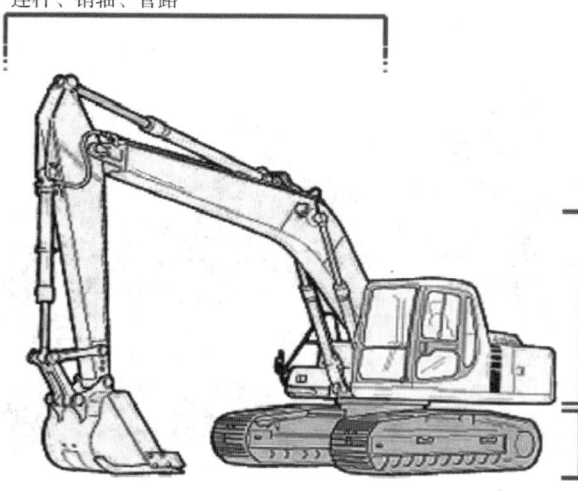

工作装置——动臂、斗杆、铲斗、液压油缸、连杆、销轴、管路

上部转台——发动机、减震器主泵、主阀、驾驶室、回转机构、回转支承、回转接头、转台、液压油箱、燃油箱、控制油路、电器部件、配重

行走机构——履带架、履带、引导轮、支重轮、托轮、终传动、张紧装置

图 5-11　液压挖掘机工作装置

121

1. 底盘

底盘即_____，包括履带架和行走机构，主要由履带架、行走马达+减速机及其管路、驱动轮、导向轮、托链轮、支重轮、履带、张紧缓冲装置组成。

下车：_____+_____+_____接头。

图 5-12　装载机的下车

图 5-13　支重轮

图 5-14　驱动轮

图 5-15　托链轮

图 5-16　引导轮

图 5-17　行走马达+减速机

图 5-18　履带

_____是连接回转平台与底盘油路的液压元件，它保证回转平台旋转任意角度后，还能正常给行走马达供油。

图 5-19　中央回转接头

2. 平台

_____是上车部分主要承载结构件。

图 5-20　装载机平台

图 5-21　液压油箱、燃油箱

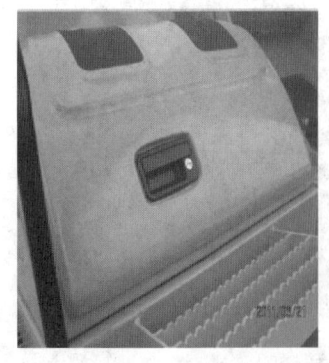

图 5-22　工具箱

散热器　　　　发动机总成　　　　主泵

图 5-23　发动机总成及附件

图 5-24　主控制阀

图 5-25　回转马达减速机

图 5-26　驾驶室

操纵手柄

扶手箱

先导安全控制杆　　　　　　　　　驾驶室门开锁杆

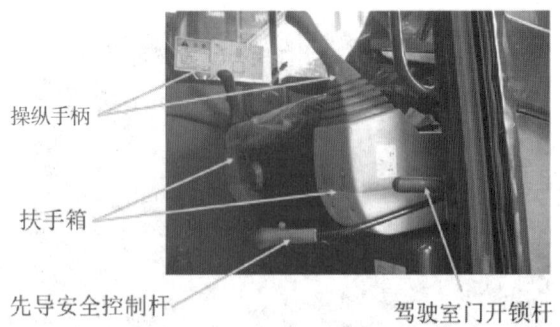

图 5-27　驾驶室内部结构

推土铲操纵杆

空调面板　点烟器　电锁

图 5-28　挖掘机推土铲操纵杆

油门操纵杆

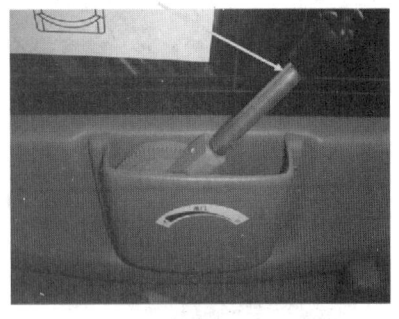

图 5-29　油门操纵杆

工具灯开关　工作灯开关　雨刮器开关　喷水壶开关

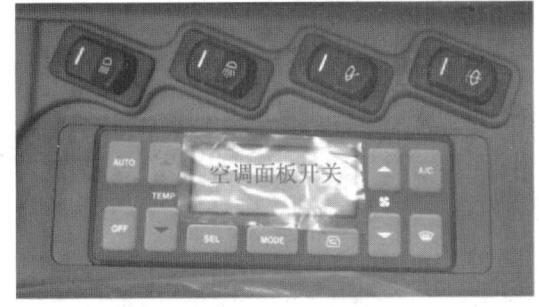

空调面板开关

图 5-30　空调面板开关

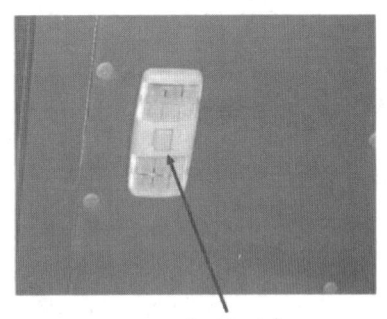

室内顶灯开关

图 5-31　室内顶灯开关

救生器

图 5-32　救生器

主工作界面各部分功能

编号	功能	编号	功能
1	燃油表	11	预热指示灯
2	水温表	12	ESS 故障指示灯
3	小时表	13	自动急速指示灯
4	当前时钟	14	H/S/L/G 工作模式指示灯
5	充电指示灯	15	高速行走/低速行走指示灯
6	发动机油压低报警灯	16	H/S/L/G 模式切换按键
7	燃油低报警灯	17	行走速度切换按键
8	水温高报警灯	18	自动急速切换指示灯
9	液压油温高报警灯（预留）	19	后视摄像头切换按键
10	空滤堵塞报警灯		

图 5-33　仪表盘

3. 工作装置

工作装置是液压挖掘机的主要组成部分，反铲工作装置由_____、斗杆、_____、摇杆、_____及包含动臂油缸、_____油缸、_____油缸在内的工作装置液压管路等主要部分组成。

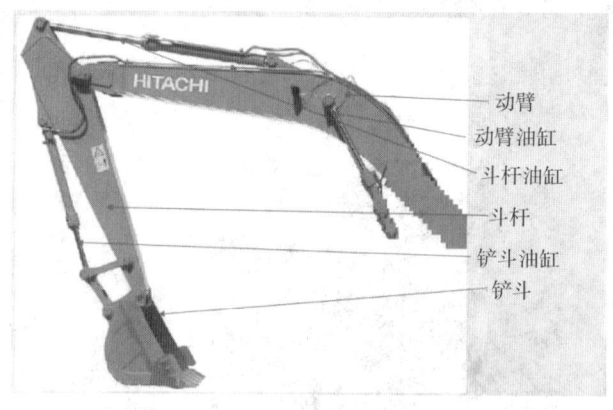

图 5-34　工作装置

图 5-35 动臂

图 5-36 斗杆

图 5-37 铲斗

图 5-38 配重

图 5-39 连杆机构

四、液压挖掘机在陶瓷工程中的常用工作参数

1. _____能力

履带式挖掘机 30°~35°，轮胎式挖掘机 20°~30°。

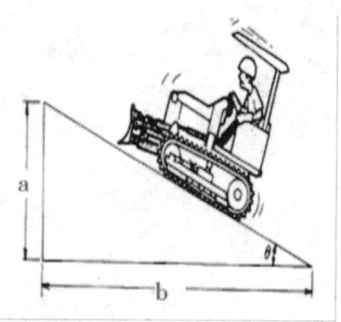

Tan=a/ b

图 5-40　爬坡能力

2. 整机质量和工作质量

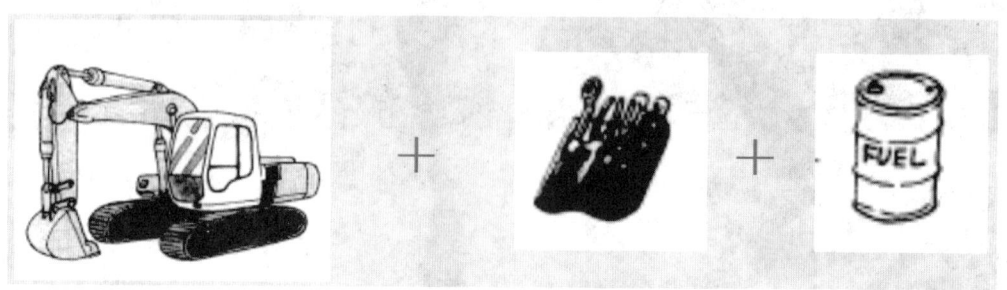

图 5-41　整机质量

图 5-42　工作质量

3. _____质量

指去除工作装置后，挖掘机械主机的干燥重量（不含燃油、液压油、润滑油、冷却水等重量）。

图 5-43　主机质量

4. _____容量

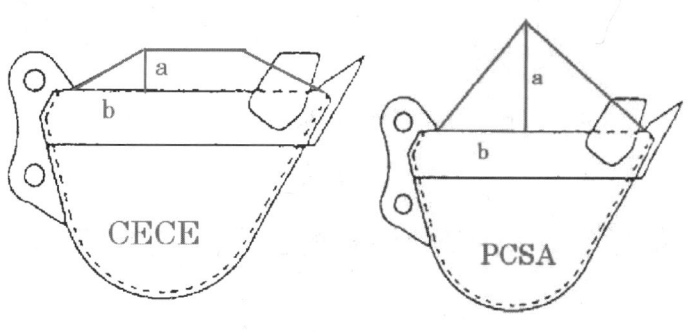

图 5-44　铲斗容量

五、液压挖掘机在陶瓷工程中的工作原理

液压挖掘机的工作原理：利用_____代替机械式动力传动（齿轮、链等）使执行元件即_____、_____等动作进行作业。

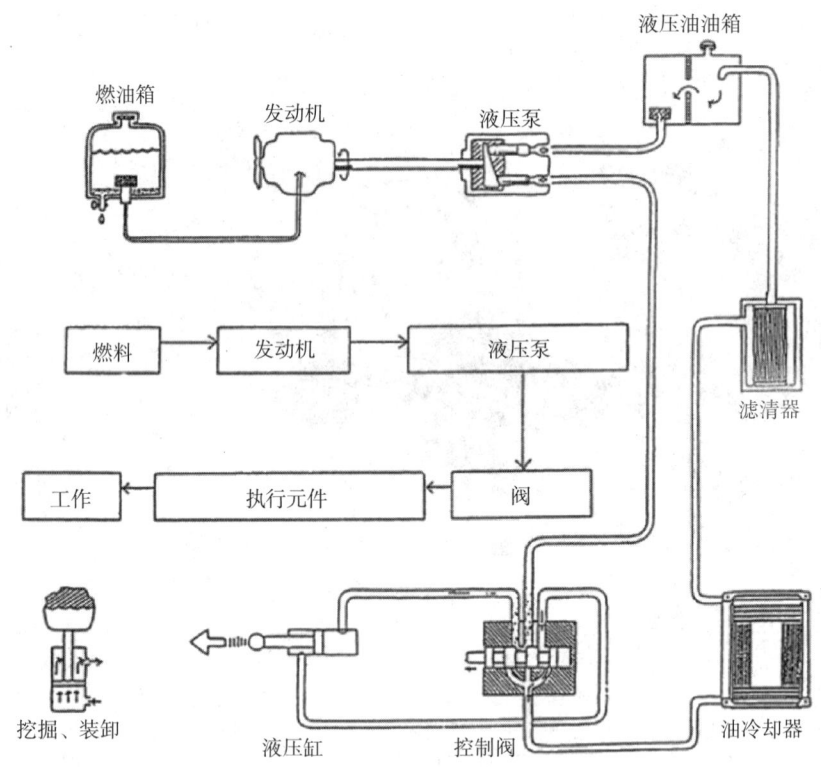

图5-45 液压挖掘机的工作原理

第二节 挖掘机在陶瓷工程中的操作知识

挖掘机在陶瓷工程中的正确操作方法：

作业时要确认履带的_____方向，避免造成_____或撞击。

挖掘机操作：

（1）在操作前，要熟悉每个_____的位置与功能。

（2）防止因机器的意外移动而造成受伤。

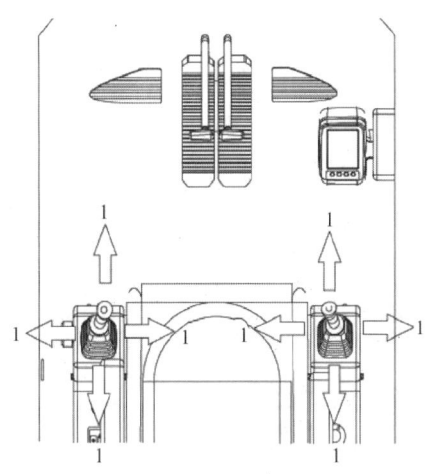

图 5-46 挖掘机操纵杆

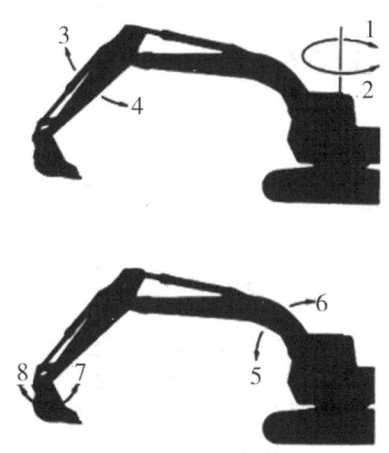

图 5-47 挖掘机两个手柄的 8 个动作

1—右旋转；2—左旋转；3—斗杆伸出；4—斗杆回收；5—动臂下降；

6—动臂上升；7—铲斗挖掘；8—铲斗卸载

1. 先导控制开关杆

在启动发动机之前：确认先导控制开关杆 1 处于 LOCK _____ 位置。

在启动发动机之后：确认所有操纵杆和踏板处于_____位置，并且机器各部没有运动。把先导控制开关杆 1 降到 UNLOCK _____位置上。

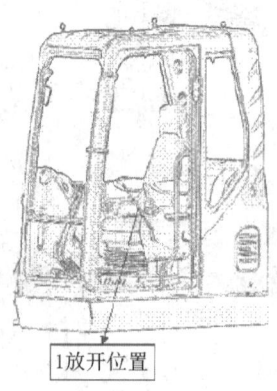

图 5-48　操纵杆和踏板处于中立位置

2. 增力按钮

（1）增力开关①位于右控制杆的顶部。用它可以获得_____的挖掘力。

（2）增力开关连续使用时间不应大于_____秒。

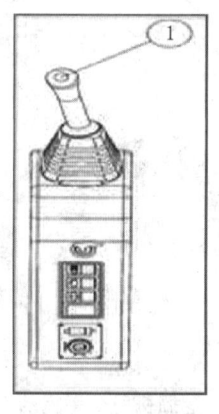

图 5-49　增力开关

3. 操作技巧

（1）当铲斗油缸和连杆、小臂油缸和小臂之间互成 90°时，挖掘力_____。铲斗斗齿和地面保持 30°角时，挖掘力最佳即切土阻力_____。

（2）当用小臂挖掘时，保证小臂角度范围在从前面45°角到后面30°角。同时使用大臂和铲斗，能提高挖掘_____。

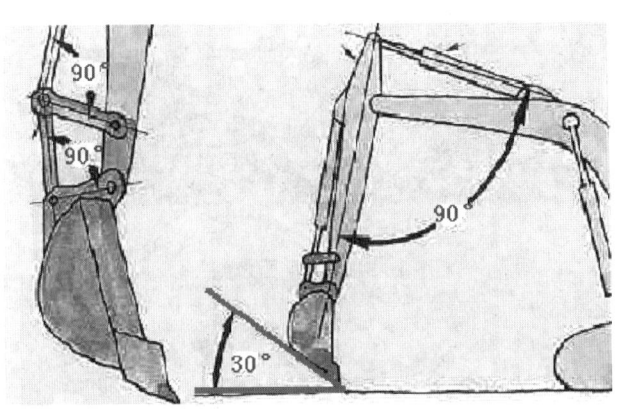

图 5-50　铲斗斗齿和地面保持 30°

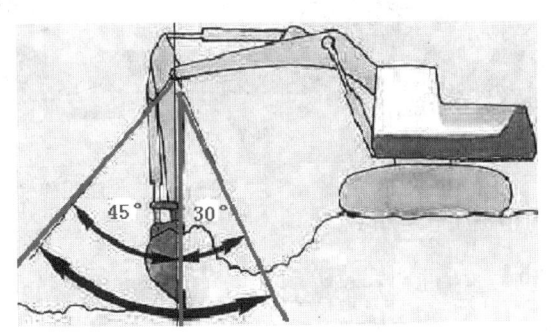

图 5-51　小臂挖掘

4. 坡面、平整作业

（1）进行平面修整时应将机器放置在平地上，打开缓冲_____控制和_____，可有效地防止车体的_____，提高工作效率。

（2）把握动臂与小臂的动作_____性，控制两者的速度对于平面修整至关重要。

5. 正确的行走操作

（1）在行走时，尽量收起工作装置并靠近车体中心，以保持_____性；把终传动放在后面以保护终传动。

图 5-52　平面修整

图 5-53　坡面修整

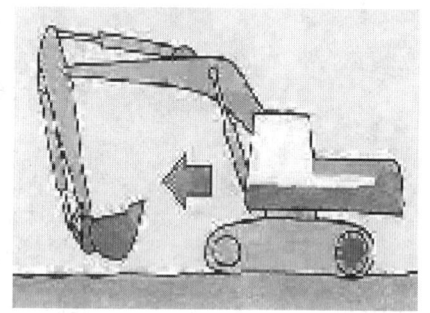

图 5-54　收起工作装置并靠近车体中心

（2）尽可能避免驶过树桩和岩石等_____，防止履带扭曲；若必须驶过障碍物时，应确保履带_____在障碍物上。

图 5-55　避免驶过树桩和岩石等障碍物

（3）过土墩时，始终用工作装置支撑住底盘以防止车体的剧烈_____甚至翻倾。

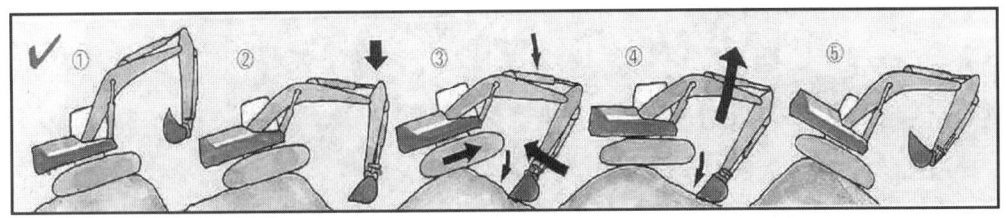

图 5-56　过土墩的方法

（4）上坡行走时，应当驱动轮在_____，以增加触地履带的附着力。

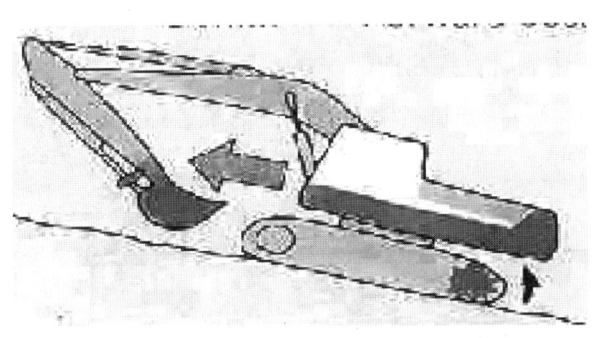

图 5-57　上坡行走驱动轮在后

（5）下坡行走时，应当驱动轮在_____，使上部履带绷紧，以防止停车时车体在重力作用下向前滑移而引起危险。

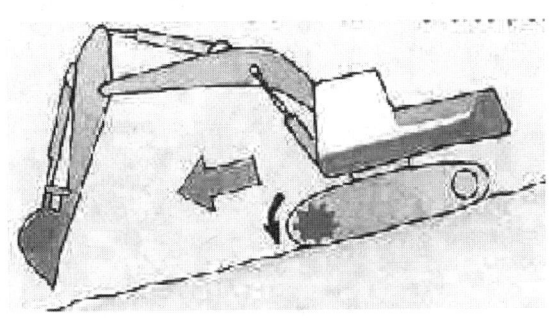

图 5-58　下坡行走驱动轮在前

（6）在斜坡上行走时，工作装置的姿势应如图 5-59 所示，以确保安全，停车后，把铲斗轻轻_____地面，并在履带下放上_____。

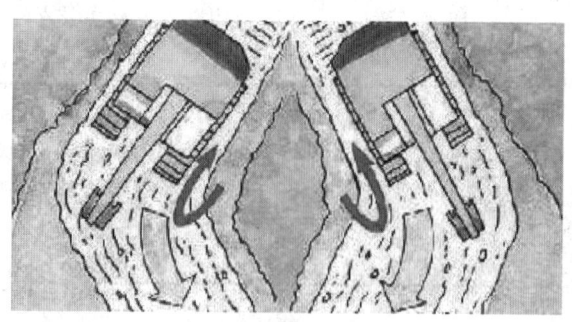

图 5-59 在斜坡上行走

6. 正确的破碎作业

（1）首先要把破碎头垂直放在要破碎的物体上。

（2）开始破碎作业时，抬起前部车体大约_____ cm，破碎时破碎头要一直压在破碎物上，当破碎物被破碎后应立即停止破碎操作。

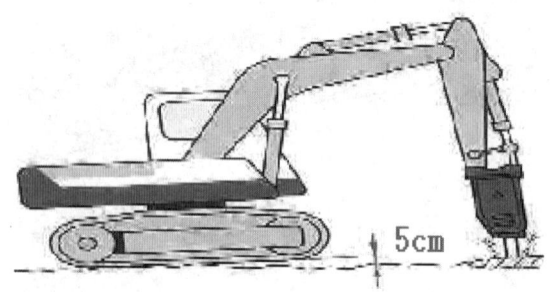

图 5-60 抬起前部车体大约 5cm

（3）破碎时由于振动会使破碎头逐渐改变方向，所以应随时调整铲斗油缸使破碎头方向_____于破碎物体表面。

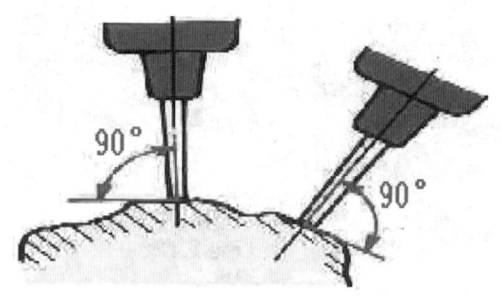

图 5-61 破碎头方向垂直于破碎物体表面

（4）当破碎头打不进破碎物时，_____破碎位置；在一个地方持续破碎不要超过 1 分钟，否则不仅破碎头会_____，而且油温会异常_____；对于坚硬的物体，从_____开始逐渐破碎。

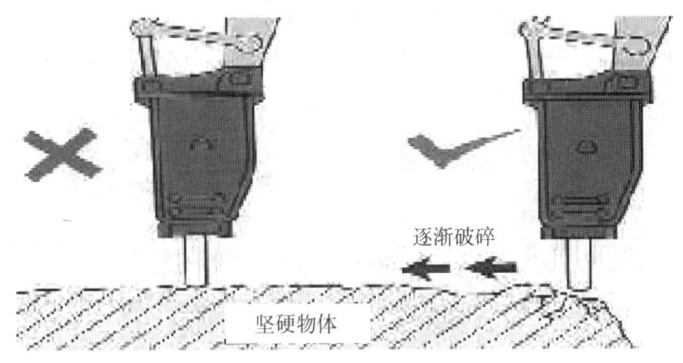

图 5-62　从边缘开始逐渐破碎

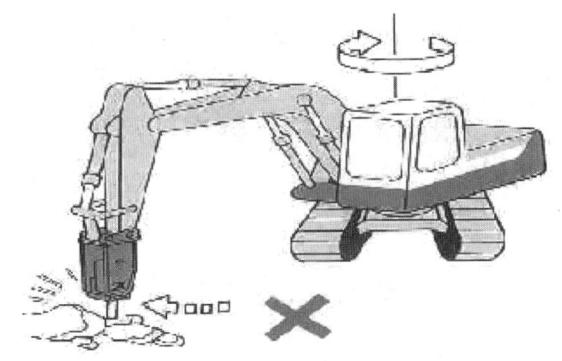

图 5-63　不要边回转车体边破碎

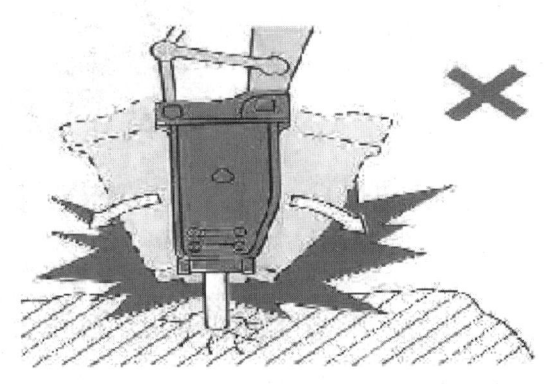

图 5-64　破碎头插入后不要扭转

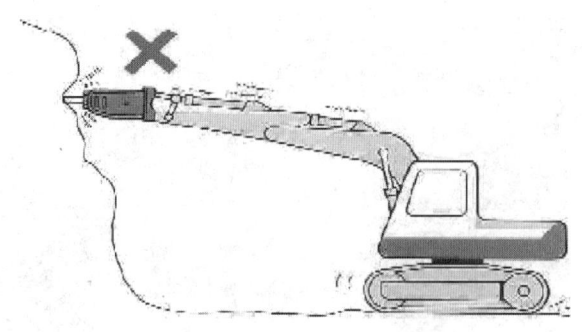

图 5-65　不要在水平方向或向上的方向使用破碎头

图 5-66　不要把破碎头当凿子撞击很大的岩石

第三节　挖掘机的保养

一、挖掘机油品的选用

正确选用挖掘机的_____、冷却液、_____和润滑油，可以延长机器无故障工作时间，为用户创造更多的价值。

图 5-67　挖掘机油品

1. 柴油

表 5-3　柴油型号性能指标

种类	适用环境温度	备注
0 号柴油		柴油的标号是指柴油"凝结点"的温度，说明了它的抗凝固能力，如 0 号柴油只能用于 0℃ 以上的环境中。
-10 号柴油		
-20 号柴油		
-35 号柴油		或按发动机使用说明书选用
-50 号柴油		

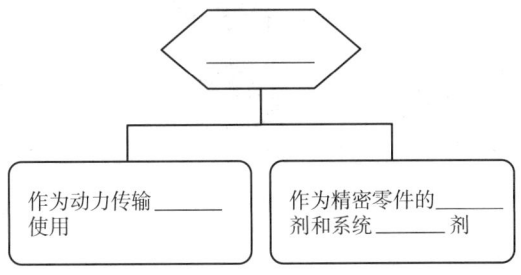

图 5-68　液压油功用

2. 液压油

黏度是液压油的重要性能指标。

3. 润滑油

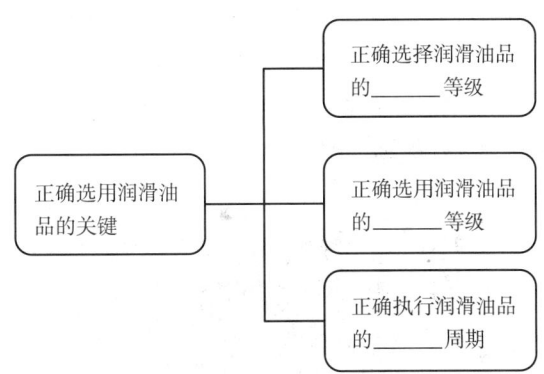

图 5-69　正确选用润滑油

4. 齿轮油

表 5-4　齿轮油型号性能指标

黏度等级	75W	80W/90	85W/90	85W/140	90	140
适宜环境温度（℃）						

5. 防冻液

表5-5　防冻液性能指标

温度	水	乙二醇	备注
-37℃以上			水为软水（不含或少量含有钙、镁离子的水，如蒸馏水、未受污染的雨水、雪水等，其水质的总硬度成分浓度在0~30ppm）
-50℃以上			

二、挖掘机在陶瓷工程中的每天检查

表5-6　每天机器启动前必须检查的内容

检查保养项目	检查保养内容
	检查补加
	检查排放
	检查，少时补加
	检查，少时补加
	检查，少时补加
	检查放水
	检查清洁（仅适用于尘土严重的工作环境）
	检查
	检查

1. 检查整机是否_____、漏水

绕车一圈检查整机是否有漏油、漏水现象。

图5-70　绕车检查

2. 检查发动机_____油位

图 5-71　检查发动机柴油油位

油水分离器：

（1）打开放水塞一次清除水和其他_____。

（2）重新旋紧_____，并检查是否有渗漏。

当浮子升起时，应及时放水

放水塞

图 5-72　油水分离器

3. 检查发动机_____油位

（1）检查应在机器停机 15 分钟后进行。

（2）将机油尺拔出擦干净后再完全插入，再取出检查，正常应该在上下限之间。

（3）如果发现高于或低于正常范围时，应加以调整。

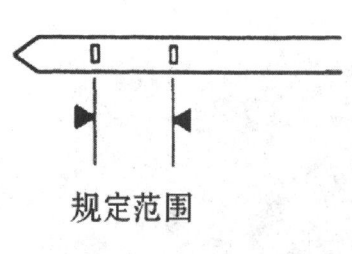

图 5-73 检查发动机机油油位

4. 检查发动机进气管连接的_____性

图 5-74 检查发动机进气管连接的密封性

5. _____的检查

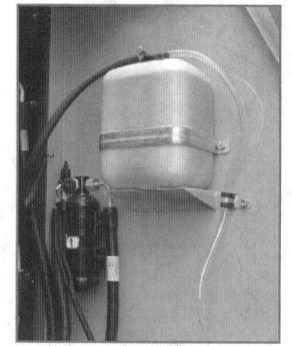

图 5-75 冷却液的检查

6. 液压油_____的检查

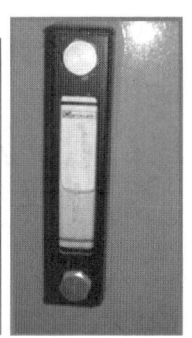

图 5-76　液压油油位的检查

7. 加注_____油

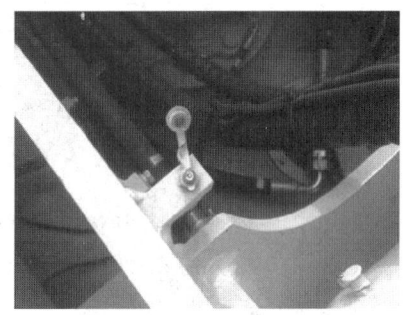

图 5-77　加注润滑油

三、挖掘机在陶瓷工程中的每隔 50 小时检查

表 5-7　每隔 50 小时必须保养的内容

检查保养项目	检查保养内容
	检查、润滑
	检查
	检查，松动时拧紧
	检查
	检查
	检查、添加

（1）清理油箱下部的_____，清理柴油中的杂质。

松开此堵头，旋动
球阀放油

图 5-78　清理油箱污物贮槽

（2）检查重要部件_____紧固情况。

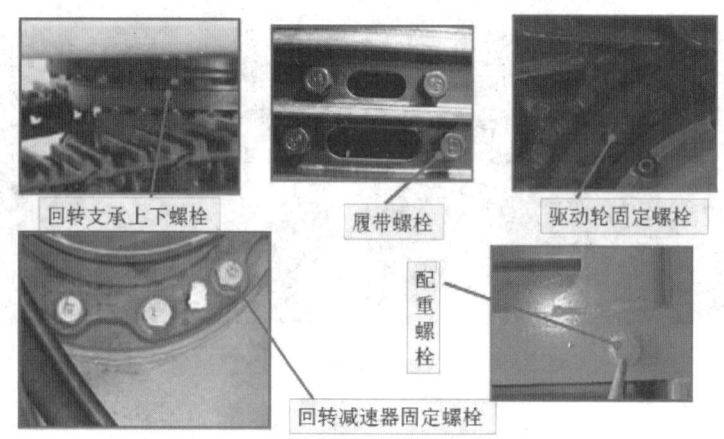

回转支承上下螺栓　　履带螺栓　　驱动轮固定螺栓

配重
螺栓

回转减速器固定螺栓

图 5-79　检查重要部件螺栓紧固情况

（3）_____的检查。

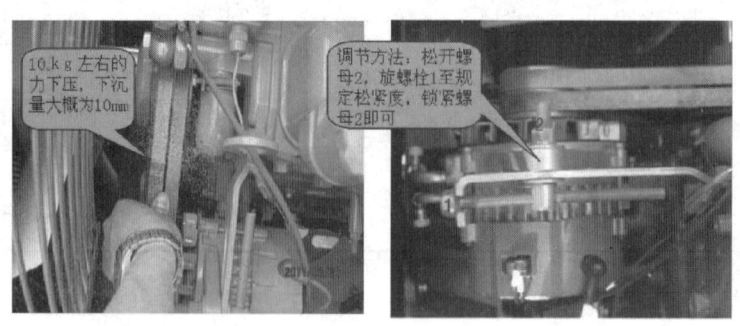

10 kg 左右的
力下压，下沉
量大概为10mm

调节方法：松开螺
母2，旋螺栓1至规
定松紧度，锁紧螺
母2即可

图 5-80　检查皮带

（4）_____的检查。

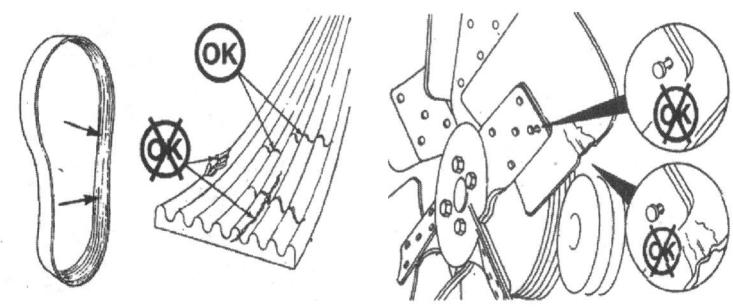

图 5-81 检查风扇

（5）检查_____滤清器（视工作环境而定时间）。

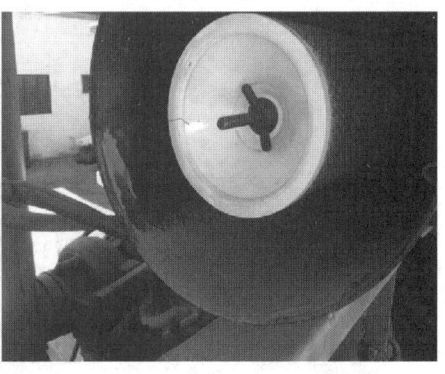

图 5-82 检查空气滤清器

（6）回转减速机_____观察及添加。

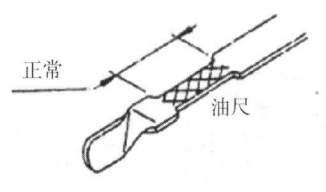
正常
油尺

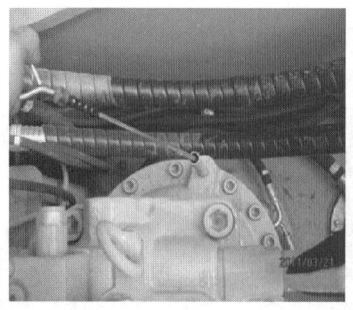
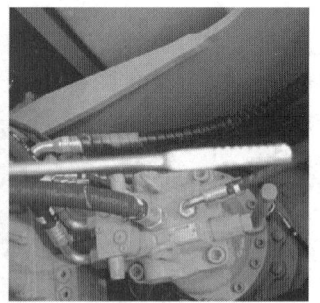

图 5-83　回转减速机齿轮油位观察及添加

（7）＿＿＿＿＿＿张紧度的调整。

履带下垂量为：300～335mm

图 5-84　调整履带张紧度

图 5-85　润滑履带张紧度

四、挖掘机在陶瓷工程中的每隔 250 小时检查

表 5-8　每隔 250 小时必须保养的内容

检查保养项目	检查保养内容
	更换（大约 25L）
	更换
	更换
	更换
	清扫或更换（多尘工况下必须更换）
	检查，少时应添加
	清洗
	检查清扫灰尘、树叶等

（1）更换发动机_____及_____。

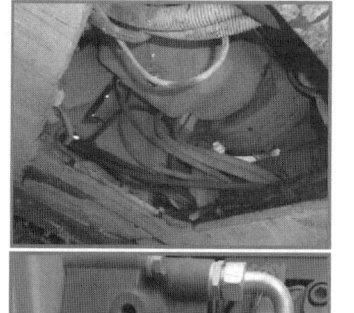

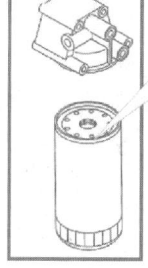

装上新滤清器前
把机油加满

图 5-86　更换发动机滤芯

图 5-87　更换发动机机油

（2）更换柴油_____（粗、细）。

图 5-88　更换柴油滤清器

（3）_____的更换。

图 5-89　更换空滤

（4）行走_____油位检查及加注。

（5）清洁_____、液压油冷却器及空调冷凝器。

图 5-90　行走减速机齿轮油位检查及加注

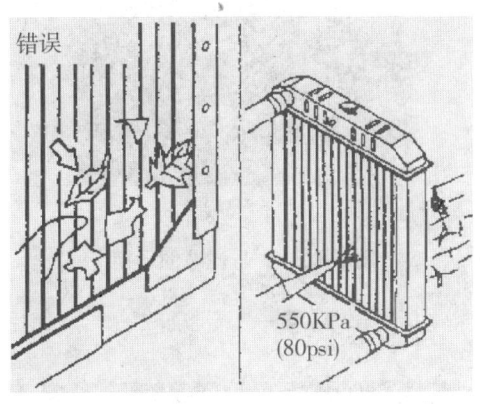

图 5-91　清洁散热器

五、挖掘机在陶瓷工程中的每隔 500 小时检查

表 5-9　每隔 500 小时必须保养的内容

检查保养项目	检查保养内容
	必须更换
	加润滑脂（注意不可过度加）
	清洁或更换

（1）先导_____的更换。

图 5-92　先导滤芯的更换

（2）更换液压油_____。

图 5-93　更换液压油回油滤芯

（3）_____ 的润滑。

图 5-94 回转支承的润滑

六、挖掘机在陶瓷工程中的每隔 1000 小时检查

表 5-10 每隔 1000 小时必须保养的内容

检查保养项目	检查保养内容
	更换（大约 3.4L）
	更换（每个大约 5L）
	更换（大约 15kg）
	更换

（1）_____ 的更换。

图 5-95 冷却液的更换

（2）回转齿圈内_____更换。

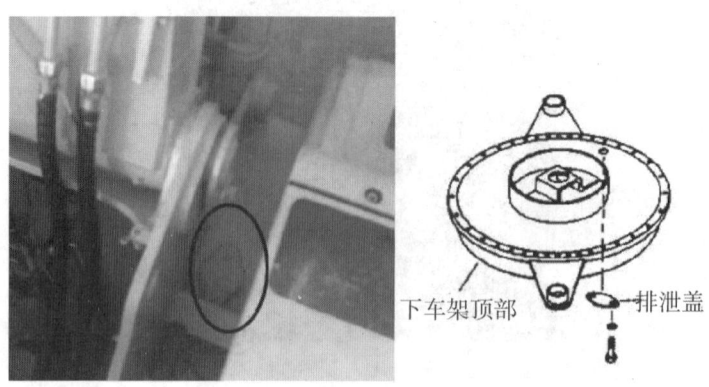

图 5-96　回转齿圈内黄油更换

（3）更换行走减速机_____。

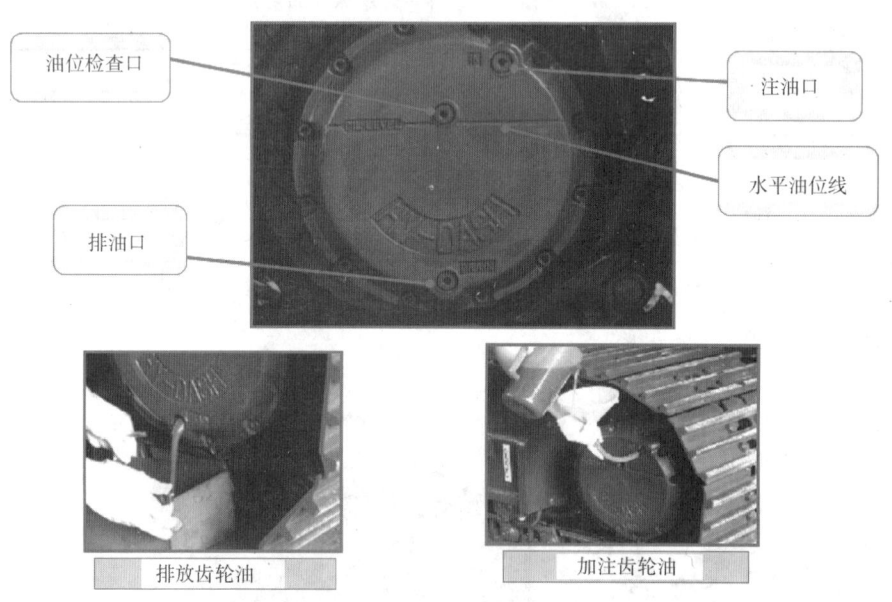

图 5-97　更换行走减速机齿轮油

（4）更换回转减速机_____。

图 5-98　更换回转减速机齿轮油

（5）更换空调外风循环_____。

图 5-99　更换空调外风循环滤芯

七、挖掘机在陶瓷工程中的每隔 2000 小时检查

表 5-11　每隔 2000 小时必须保养的内容

检查保养项目	检查保养内容
	更换（大约 200L）
	更换

（1）更换_____。

（2）更换液压油_____滤芯。

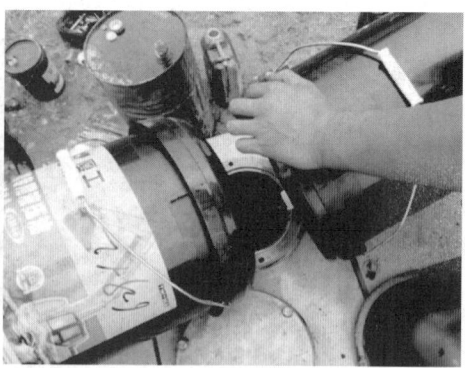

图 5-100　更换液压油

图 5-101　更换液压油吸油滤芯

第六章　陶瓷机械实训设备使用说明

第一节　彩印机械

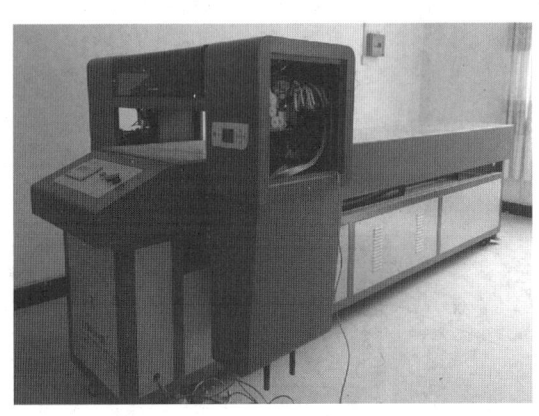

图 6-1　瓷砖打印机

以 7880/9880 系列平板打印机为例，介绍瓷砖打印机的基本情况。

1. 瓷砖打印机设备的主体部件

（1）7880/9880 系列平板打印机的主体结构。

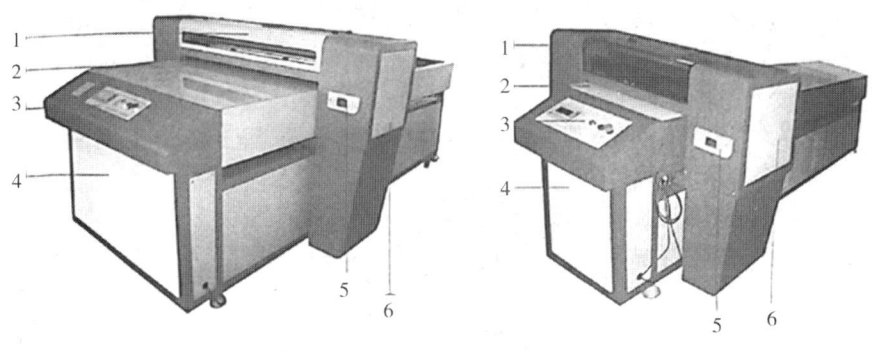

图 6-2　7880/9880 系列平板打印机

1—_____——打印机主要部分。

2—_____——承载打印物体的平台。

3—_____——控制打印机机头移动。

4—_____——用来支撑整个打印机、移动打印机。

5—_____——用来调整打印机内部选项、操作打印机其余功能。

6—_____——打印机喷头清洗后废墨储存的地方。

（2）控制面板。

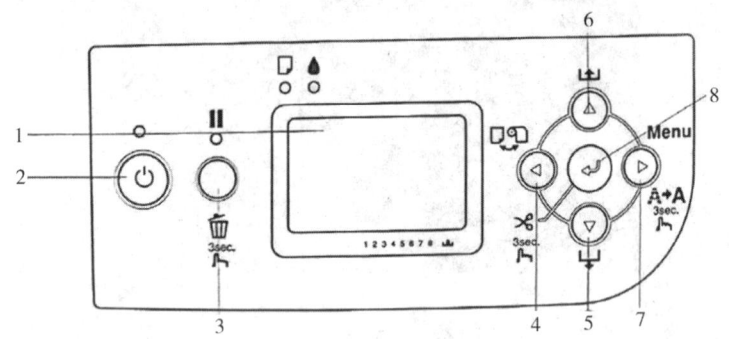

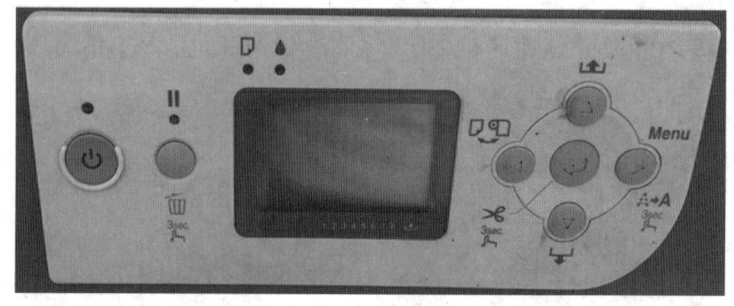

图6-3　控制面板

1—_____——可以显示打印机设置参数。

2—_____——开启打印机的按钮。

3—_____——按一下为暂停、按住3秒不放为删除打印任务。

4—纸张来源键、返回_____按钮——选择纸张模式（自动切纸关、开），在菜单模式下按住此键时，回到上一级菜单。

5—_____键。

6—_____键。

7—_____键。

8—_____键。

2. 打印机的操作

（1）接通_____，将打印机前部的电源开关打开，液晶显示屏将会亮启，并显示"等待联机"，控制面板上的红色"电源"指示灯点亮。

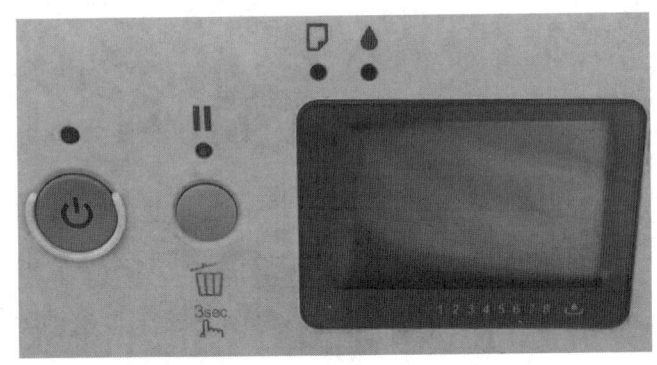

图6-4　打印机电源开关及液晶显示屏

（2）按控制面板"_____"，"联机"指示灯_____，打印机自行_____，并可能清洗_____，同时打印平台自动移出到_____。

（3）检测完毕，"联机"指示灯停止闪烁，处于长亮状态，此时打印机处于_____状态，可以将_____在打印平台定位。

3. 打印物摆放

（1）将表面进行过_____处理的打印介质放置在已移出的打印平台起始位置（打印平台上的打印介质应低于打印标尺）。

（2）按下_____键，打印平台上的打印物体移至打印标尺下方时停止打印平台的移动，使需要打印物体处于打印标尺下方。

（3）按下_____键，使打印机停放在最佳高度打印处。

（4）再按下_____键，将打印平台移至最低处，打印透明物体时，可将物体放置于_____正下方，上升打印平台，使打印物体触碰到防撞保护器后，打印平台将停放在最佳高度打印处，再移入打印平台。

4. 关闭打印机

要关闭打印机之前，等待打印机完成_____，必须先按控制面板的_____键，等待连击指示灯熄灭，且打印头回到初始位置，再_____打印机的电源。

5. 瓷砖打印机打印效果

瓷砖打印机可根据客户要求，打印个性化的图案，效果良好。

图6-5　瓷砖打印效果一

图6-6　瓷砖打印效果二

第二节　陶瓷砖断裂模数测定仪

1. 陶瓷砖断裂模数测定仪的作用

陶瓷砖断裂模数测定仪采用电动液压加荷机构和弹簧实现匀速加荷。用于测定墙地砖、釉面砖、陶管等建筑卫生陶瓷、电瓷、日用陶瓷的抗折强度，以及陶瓷砖断裂模数和破坏强度的测定，耐破性能等参数的测定，更换夹具等。

图6-7　陶瓷砖断裂模数测定仪

2. 操作步骤

（1）根据不同的试样和所采用的方法标准安装好_____夹具，且调整好位置。

（2）接通_____，将仪器上的电源开关打开，此时_____指示灯亮，测力控制仪上有_____显示。

（3）按_____键，进入待测状态，右边第一位显示0。

（4）将试样放置在_____上。启动_____按钮，电机_____旋转，推动活塞_____运动，活塞带动上压杆_____，当试样与上压杆接触就开始对试样_____，而下压杆与组合弹簧连接在一起，根据虎克定理就使加荷变为匀速加荷，其压力通过压力传感器传递到测力控制仪上，当被测试样_____或破碎，测力控制仪显示并保留其_____，且电机自动_____工作。

（5）按_____按钮，电机_____旋转，活塞带动上压杆_____运动，运动到_____位置时，按_____键，本次试验完成。

（6）如果需要测试几个试样，就将试样放置好后，重复上述（3）~（5）项操作步骤。

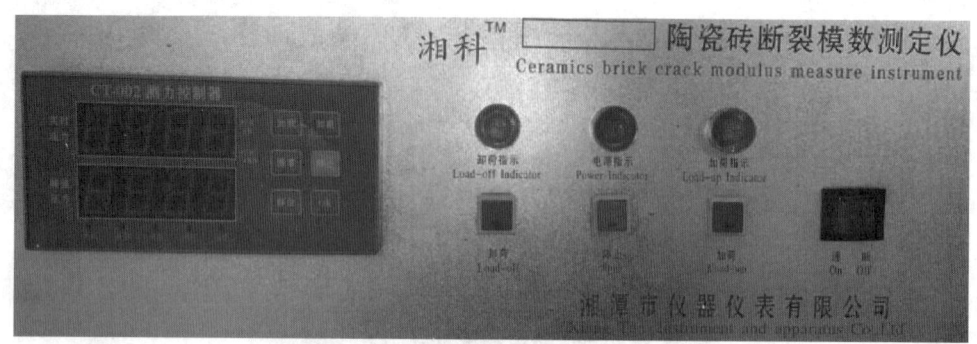

图 6-8　陶瓷砖断裂模数测定仪操作面板

3. 设备的维护及保养

（1）仪器要经常保持干净、整洁，经常涂油，保持设备机械部分不锈蚀。

（2）仪器及控制部分要经常通电，以保证各电器元件不受潮霉变。

（3）压力传感器每年要定期校定。

陶瓷技术应用系列实训指导

TAOCI JISHU YINGYONGXILIE SHIXUNZHIDAO

陶瓷工程
机械使用与维护

李　伟◎主编
邓庆勇◎副主编

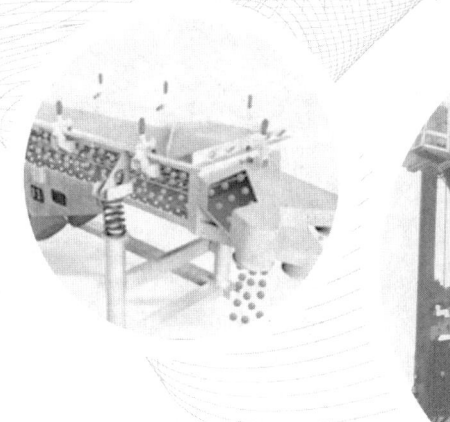

经济管理出版社

ECONOMY & MANAGEMENT PUBLISHING HOUSE

图书在版编目（CIP）数据

陶瓷工程机械使用与维护/李伟主编. —北京：经济管理出版社，2017.8

ISBN 978-7-5096-4894-0

Ⅰ.①陶… Ⅱ.①李… Ⅲ.①陶瓷工程—工程机械—维修 Ⅳ.①TQ174.5

中国版本图书馆 CIP 数据核字（2016）第 325542 号

组稿编辑：魏晨红

责任编辑：魏晨红

责任印制：黄章平

责任校对：王淑卿

出版发行：经济管理出版社

（北京市海淀区北蜂窝 8 号中雅大厦 A 座 11 层　100038）

网　　址：www. E-mp. com. cn

电　　话：(010) 51915602

印　　刷：北京市海淀区唐家岭福利印刷厂

经　　销：新华书店

开　　本：787mm×1092mm /16

印　　张：25.5

字　　数：436 千字

版　　次：2017 年 11 月第 1 版　　2017 年 11 月第 1 次印刷

书　　号：ISBN 978-7-5096-4894-0

定　　价：58.00 元（全两册）

编　委　会

　　藤县中等专业学校为服务梧州市陶瓷产业的发展，对应藤县中等专业学校现有教学实训设备以及校企合作陶瓷企业的生产设备进行编撰。全书共六章，包括陶瓷工程机械简介、陶瓷生产工艺、陶瓷机械——叉车、陶瓷机械——装载机、陶瓷机械——挖掘机、陶瓷机械实训设备使用说明。其中，陶瓷机械——叉车、陶瓷机械——装载机、陶瓷机械——挖掘机等章节，除阐述机械设备的结构与工作原理外，还重点阐述这些机械设备的安全操作规范流程以及这些机械在陶瓷工程中的应用。陶瓷机械实训设备使用说明中所讲述的机械实训设备是藤县中等专业学校现有设备，根据本章节，可快速学习教学实训设备的操作。全书知识结构由浅入深，图文并茂，注重理论与实践相结合。本书还可供陶瓷工程机械用户和爱好者学习使用，也可作为社会培训教材。

CONTENTS

目录

第一章

陶瓷工程机械简介

专业能力目标

➤ 掌握陶瓷工程机械的基本分类。

➤ 了解陶瓷工程机械设备名称。

➤ 了解陶瓷工程机械基本原理和分类以及区别。

➤ 熟悉陶瓷工程机械的安全操作规范及流程。

➤ 熟悉陶瓷工程机械日常检查项目。

➤ 了解陶瓷工程机械的保养流程。

社会能力目标

➤ 通过分组活动，培养团队协作能力。

➤ 通过规范文明实训，培养良好的职业道德和安全环保意识。

➤ 通过实践，培养陶瓷工程机械的操作能力。

第一节　陶瓷工程机械的特点及分类

一、陶瓷工程机械的特点

陶瓷工程机械是陶瓷工业生产过程中的机械设备。在陶瓷生产过程中，从原料采掘到制成产品，都会应用到陶瓷工程机械设备。

陶瓷工程机械的特点是：

（1）加工对象以矿物为原料；

（2）工艺过程多且复杂；

（3）产品产量大，自动化程度高；

（4）动作复杂，工作速度快。

二、陶瓷工程机械的分类

陶瓷机械设备按用途可分为原料制备机械设备、成型机械设备、通用流体机械设备、连续输送设备等。

第二节 原料制备机械设备

无论是天然原料还是化工原料，都要经过开采、加工、制造才能成为合乎要求的成型料。原料制备机械设备可分为粉碎机械、筛分机械、混合搅拌机械、脱水设备、磁选设备等。

一、粉碎机械

用机械方法使固体物料由大块破解为小块或细粉的操作过程统称为粉碎。相应的机械称为粉碎机械，主要的粉碎机械有：

1. 颚式破碎机

颚式破碎机（颚破）主要用于冶金、矿山、化工、水泥、建筑、耐火材料及陶瓷等工业部门，用来中碎和细碎各种中硬矿石和岩石。颚式破碎机（颚破）最适用于破碎抗压强度不高于300MPa的各种软硬矿石（见图1-1）。

2. 锤式破碎机

锤式破碎机的主要工作部件为带有锤子（又称锤头）的转子。转子由主轴、圆盘、销轴和锤子组成。电动机带动转子在破碎腔内高速旋转。物料自上部给料口给入机内，受高速运动的锤子打击、冲击、剪切、研磨作用而粉碎。在转子下部，设

图 1-1　颚式破碎机

1—本体；2—定颚板；3—动颚板；4—动颚体；5—偏心轴；6—肘板；7—调整座；8—弹簧拉杆

有筛板、粉碎物料中小于筛孔尺寸的粒级通过筛板排出，大于筛孔尺寸的粗粒级阻留在筛板上继续受到锤子的打击和研磨，最后通过筛板排出机外（见图 1-2）。

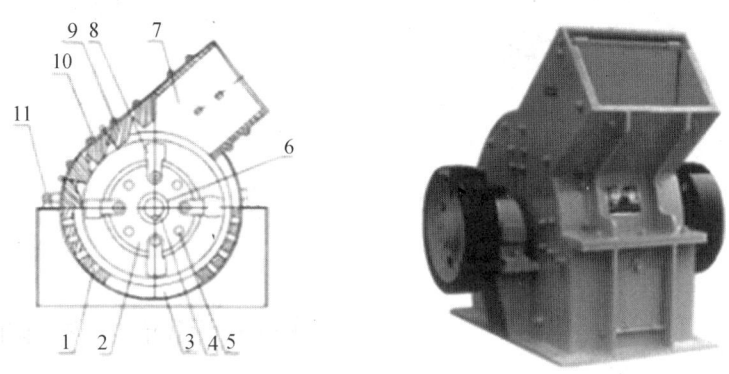

图 1-2　锤式破碎机

1—筛板；2—转子盘；3—出料口；4—中心轴；5—支撑杆；6—支撑环；7—进料嘴；8—锤头；9—反击板；10—弧形内衬板；11—连接机构

3. 反击式破碎机

反击式破碎机是一种利用冲击能来破碎物料的破碎机械。当物料进入板锤作用区时，受到板锤的高速冲击而破碎，并被抛向安装在转子上方的反击装置上再次破碎，然后又从反击衬板上弹回到板锤作用区重新破碎。此过程重复进行，直到物料被破碎至所需粒度，由机器

图 1-3　反击式破碎机

1—小反板；2—大反击板；3—板锤；4—挡块；5—夹块；6—主轴；7—衬板；8—转子；9—楔块

下部排出为止。调整反击架与转子架之间的间隙可达到改变物料粒度和物料形状的目的。本机在反击板后采用弹簧保险装置，当非破碎物进入破碎腔后，前后反击架后退，非破碎物从机内排出（见图1-3）。

4. 冲击式破碎机

冲击式破碎机又称冲击式制砂机，它被广泛应用于各种岩石、磨料、耐火材料、水泥熟料、石英石、铁矿石、混凝土骨料等硬、脆物料的中碎、细碎（制砂粒）。对建筑用砂、筑路用砂石尤为适宜（见图1-4）。

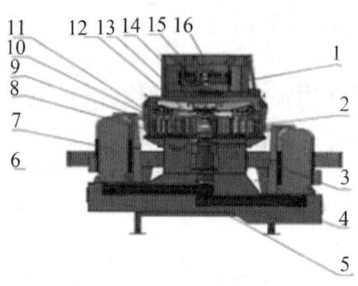

图1-4　冲击式破碎机

1—进料斗部；2—涡动破碎腔部；3—机架部；4—主轴皮带轮；5—三角带；6—下锥套；7—电机部；8—涡动腔下保护板；9—上锥套；10—可调周护板；11—涡动腔上保护板；12—叶轮部；13—叶轮护口圈；14—叶轮护罩；15—限料环；16—分料盘

5. 轮碾机

轮碾机是以碾砣和碾盘为主要工作部件而构成的物料破（粉）碎或混练的设备（见图1-5）。

图1-5　轮碾机

6. 锥式破碎机

在圆锥破碎机的工作过程中，电动机通过传动装置带动偏心套旋转，动锥在偏心轴套的迫动下做旋转摆动，动锥靠近静锥的区段即成为破碎腔，物料受到动锥和静锥的多次挤压和撞击而破碎。动锥离开该区段时，该处已破碎至要求粒度的物料在自身重力作用下下落，从锥底排出（见图1-6）。

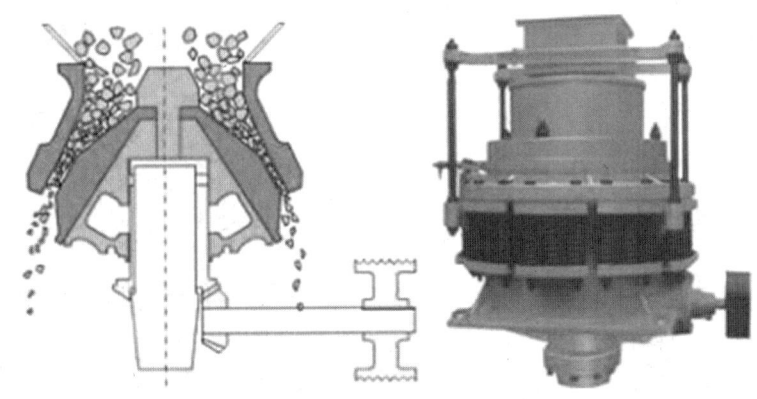

图 1-6 锥式破碎机

7. 辊式破碎机

辊式破碎机适用于水泥、化工建材耐火材料等工业部门破碎中等硬度的物料，如石灰石、炉渣、焦炭、煤等物料的中碎、细碎作业。该系列辊式破碎机主要由辊轮、辊轮支撑轴承、压紧和调节装置以及驱动装置等部分组成（见图1-7）。

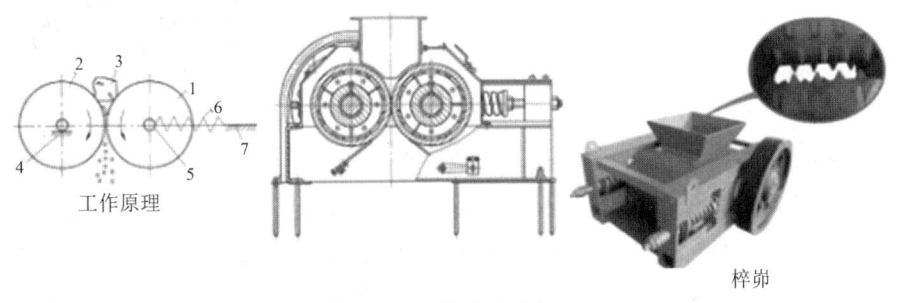

图 1-7 辊式破碎机

1、2—辊子；3—物料；4—固定轴承；5—可动轴承；6—弹簧；7—机架

8. 球磨机

球磨机是物料被破碎之后，再进行粉碎的关键设备。它广泛应用于水泥、硅酸盐制品、新型建筑材料、耐火材料、化肥、黑色与有色金属选矿以及玻璃陶瓷等生

产行业，对各种矿石和其他可磨性物料进行干式粉磨或湿式粉磨（见图1-8）。

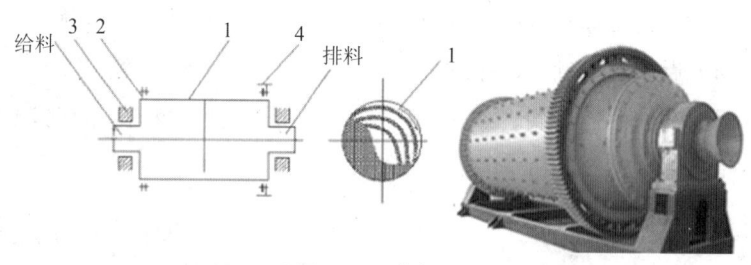

图1-8　球磨机

1—筒体；2—端盖；3—轴承；4—大齿轮

二、筛分机械

筛分机械就是利用旋转、振动、往复、摇动等动作将各种原料和各种初级产品经过筛网选别按物料粒度大小分成若干个等级，或是将其中的水分、杂质等去除，再进行下一步的加工和提高产品品质时所用的机械设备。筛分机械主要有：

1. 圆振动筛

圆振动筛是一种做圆形振动、多层数、高效新型振动筛。圆振动筛采用筒体式偏心轴激振器及偏块调节振幅，物料筛淌线长，筛分规格多，具有结构可靠、激振力强、筛分效率高、振动噪声小、坚固耐用、维修方便、使用安全等特点，该振动筛广泛应用于矿山、建材、交通、能源、化工等行业的产品分级（见图1-9）。

2. 直线振动筛

直线振动筛利用振动电机激振作为振动源，使物料

图1-9　圆振动筛

在筛网上被抛起，同时向前做直线运动，物料从给料机均匀地进入筛分机的进料口，通过多层筛网产生数种规格的筛上物、筛下物，分别从各自的出口排出。具有耗能低、产量高、结构简单、易维修、全封闭的结构特点，无粉尘溢散，自动排料，更适合于流水线作业（见图1-10）。

3. 滚轴筛

滚轴筛的筛面由很多根平行排列的、其上交错地装有筛盘的辊轴组成，滚轴通过链轮或齿轮传动而旋转，其转动方向与物料流动方向相同（见图1-11）。

图 1-10　直线振动筛

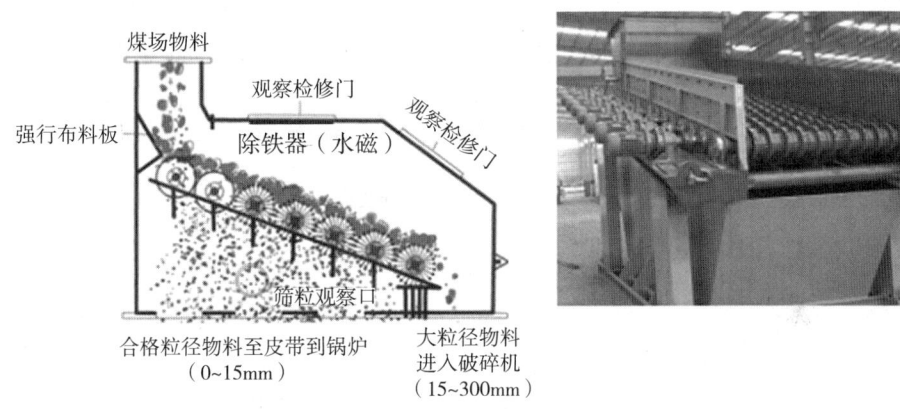

图 1-11　滚轴筛

三、混合搅拌机械

陶瓷生产中用的坯料和釉料，一般是由几种不同的物料按一定比例配制而成的，各组分混合的均匀程度对陶瓷制品的质量影响很大。一般将使固体粉料均匀分散的操作过程称为混合，将使液状物料均匀分散的操作过程称为搅拌。混合搅拌机械主要有：

1. 双轴搅拌机

双轴搅拌机是一种连续式混合机械，常用于干粉料加湿制备塑性泥料，可以减少工序，实现生产过程的自动化和连续化；制备的泥料含水量比较稳定，且便于调节（见图 1-12）。

2. 螺旋桨式搅拌机

螺旋桨式搅拌机常用于搅拌泥浆，使泥浆中各组分混合均匀、固体颗粒不致沉淀；也用于在水中潮解泥料，以制备均质泥浆等（见图1-13）。

图 1-12　双轴搅拌机　　　　　　图 1-13　螺旋浆式搅拌机

3. 平桨搅拌器

平桨搅拌器一般装在容积较大的浆池中以低速搅拌泥浆。工作时，桨叶在电机带动下转动，使料浆产生切向和径向运动，从而使料浆得到有效的搅拌和混合（见图1-14）。

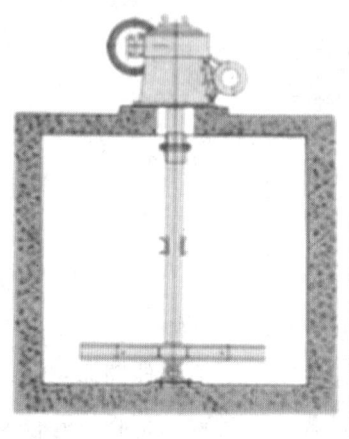 

图 1-14　平桨搅拌器

4. 行星式搅拌机

行星式搅拌机是一种立式搅拌机，工作时桨叶在驱动机构带动下，既绕行星架中心自转，又绕立轴公转，即做行星运动，使浆料产生强烈的湍流而受到搅拌。宜用于防止泥浆沉淀的操作（见图1-15）。

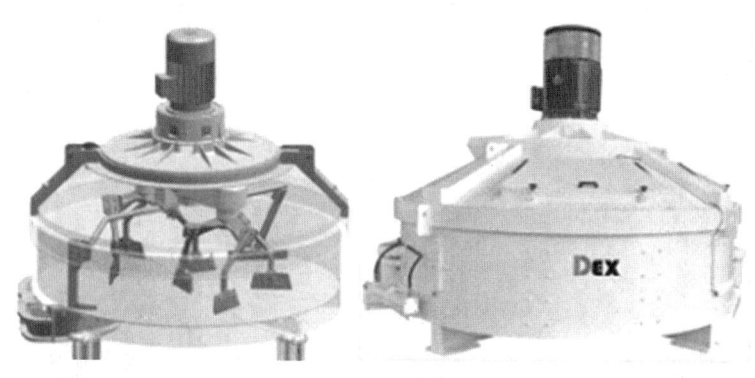

图 1-15 行星式搅拌机

四、脱水设备

在生产过程中，料浆的含水量往往过多，不符合成形工序的要求。例如，可塑成形要求泥料的含水量为 20%~26%，干压和半干压成形要求泥料的含水量更低，约为 7%，因此，必须将料浆中过多的水分除去。把料浆中水分除去的操作称为脱水，脱水设备主要有：

1. 压滤机

压滤机将泥浆输送到有很多毛细孔的过滤介质中，在压力作用下，泥浆中的水分自毛细孔通过，将固体物料截流在介质上，从而将泥浆中的水分除去。压滤机由过滤部分、压紧装置、机架等组成（见图 1-16）。

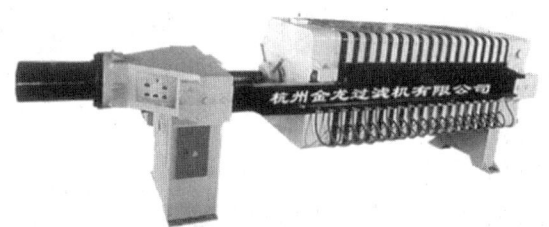

图 1-16 压滤机

2. 喷雾干燥器

喷雾干燥就是将溶液或悬浮液分散成雾状的液滴，在热风中干燥而获得粉状或颗粒状产品的过程。喷雾干燥器主要用来制备生产面砖用的粉料，也可用来制备可塑泥料。它的优点是：简化工艺流程，缩短生产周期，操作过程自动化、连续化，粉料呈球形颗粒，流动性很好，可迅速均匀填充压模，提高产品质量。缺点是：产品单位质量能耗大，设备也比较复杂庞大（见图1-17）。

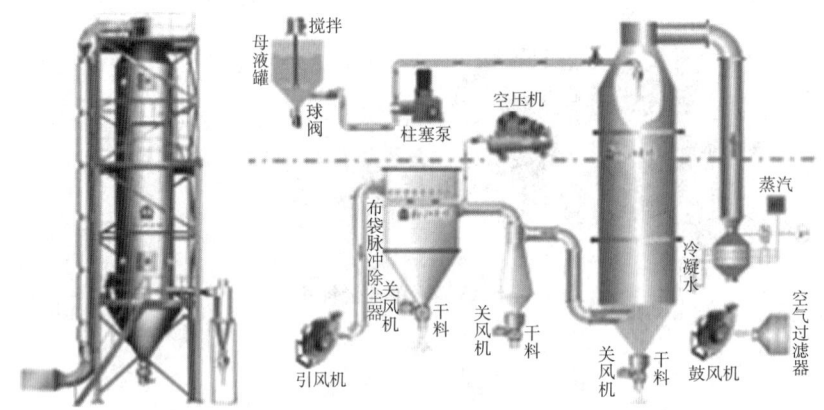

图1-17　喷雾干燥器

五、磁选设备

利用物质磁性的差异，对物料进行除铁的分选操作，即在磁场中，利用物料颗粒磁性的不同使其分离的方法，称为磁选。陶瓷工程机械的磁选设备主要有：

1. 过滤式泥浆磁选机

过滤式泥浆磁选机为筒状结构，由支架支承，主要零部件有外壳、手动阀门、线圈、电磁阀和格子板等。工作原理为：线圈通电后，在分选腔内形成了不均匀磁场，当泥浆通过此处时，其中的磁性颗粒就吸附在被强烈磁化了的格子板表面，从而达到分选的目的（见图1-18）。

2. 干式磁选机

干式磁选机皮带输送机的负载段上方设慢速转动

图1-18　过滤式泥浆磁选机

的铁盘，下方设电磁铁，组成一个闭合磁系，铁盘的直径大于输送带宽度。通电后，在电磁铁和铁盘之间的空气隙中形成磁场。当薄层物料通过时，磁性物质被铁盘吸出，随着转出磁场去掉，非磁性物质从中通过，从而分选（见图1-19）。

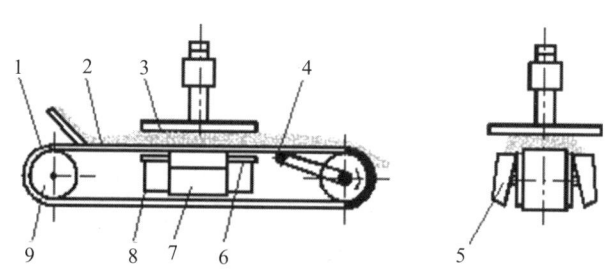

图1-19　干式磁选机

1—皮带；2—物料；3—铁盘；4—主动轮总成；5、6、7、8—电磁铁总成；9—从动轮总成

第三节　成形机械设备

将泥料制成一定形状和尺寸的坯体以供焙烧用的工艺过程称为成形。由于陶瓷制品种类繁多，形状和大小不一，各种原料的工艺性能又不相同，因此，成形的方法也较多。目前，陶瓷工业使用的成形方法主要有可塑法、注浆法、压制法和喷注法等。成形机械主要有：

一、滚压成形机

利用滚压头和模型各自绕自己轴线的定轴转动，将投放在模型中的塑性泥料延展压制成型。坯体的外形和尺寸完全取决于滚压成形方法和滚压头与模面间所形成的"空腔"。它由滚压头、主轴、凸轮组、蜗轮蜗杆、刹车、机架、电机七个部分组成（见图1-20）。

图1-20　滚压成形机

二、干压成形机

干压成形是指将陶瓷原料制作成颗粒状粉料，填入刚性模型内施加压力而得到具有一定强度和形状的坯体的成形方法。干压成形粉料颗粒的直径在1mm以下，含水量为2%~12%。完成干压成形工艺的机械是各种形式的压力机，主要有：

1. 摩擦压力机

摩擦压力机主要由机座、框形机身、传动机构、飞轮—螺旋机构和换向、顶出操纵机构等组成（见图1-21）。

图1-21 摩擦压力机

2. 液压成形机

液压成形机是陶瓷墙、地砖压制成形的关键设备（见图1-22），采用液压传动有以下优点：

（1）液体的压力和工作活塞的尺寸可在较大范围内选择，压砖机容易获得大的压制力，以满足压制大规格制品的要求。

（2）采用液压传动可以方便地实现对压制压力、速度、保压时间等参数的调节和控制，并可保持稳定，很好地满足成形工艺的要求。

图1-22 液压成形机

（3）对砖坯施加的是静压力，工作平稳，有利于压制成形。

（4）容易实现自动化操作。

三、注浆成形机

将含水分30%~40%的泥浆浇注入模型（模型具有很强的吸水性），模型吸水后形成湿坯的操作称为注浆。该工艺主要应用于形状复杂或异形大件产品（壶、坛、罐、鱼盘、花瓶、台灯、瓷塑），常用于建筑瓷、日用瓷、艺术瓷方面。主要的机械设备有：

1. 泥浆的真空处理设备

泥浆的真空处理设备实际是一只带有搅拌机的、可以密闭的注浆槽。为了能连续作业，最好是两只并联使用，通过阀门的启闭使之轮流工作（见图1-23）。

图 1-23　泥浆的真空处理设备

2. 离心注浆机

离心注浆机在注浆模型旋转运动的情况下注入泥浆，泥浆在离心力的作用下形成泥坯。此法可加速坯体的形成速度，使坯体中颗粒排列均匀而致密，能提高制品质量（见图1-24）。

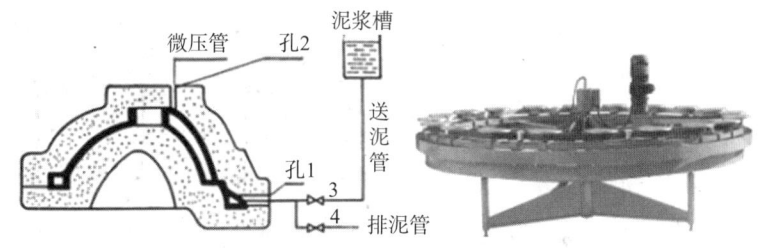

图 1-24　离心注浆机

3. 注浆成形生产线

注浆成形生产线是近年来较为先进的注浆工艺，可大大降低劳动强度、提高成品效率、提高产品附加值。一般来说，注浆成形生产线包括注浆工位、倒浆工位、甩浆工位、干燥工位、脱模工位等（见图1-25）。

图 1-25　注浆成形生产线

第四节　通用流体机械设备

各工业部门通用的机械设备，统称为通用机械设备。陶瓷工业上主要有：电机、金属切削机床、各种液压机、压力机械、风机、除尘器。本节所涉及的通用流体机械设备是以水、气体等流体为工作介质的工业用泵、风机等机械设备，主要有：

一、工业用泵

在化工生产过程中，不可避免地要将液体从一处送至另一处。无论是提高其位置，还是使其压力上升，或是只需克服设备及管路的沿程阻力，都可通过向液体提供机械能的方式来实现。这种向液体提供机械能的装置（亦即输送液体的机械）称为泵。

1. 离心泵

离心泵的工作零件是叶轮和蜗形泵壳，叶轮转动前，泵壳内灌满了水，当叶轮旋转时，叶轮使水得到动能在离心力的作用下甩向泵壳内壁顺着出水管排出；与此同时，泵体内形成一定的真空（低压区）和水面之间有压力差，在大气压的作用下，水顺着吸水管流入泵内。故泵的工作进水靠"吸"，排水靠叶轮给它的能量而压送出去（见图1-26、图1-27、图1-28）。

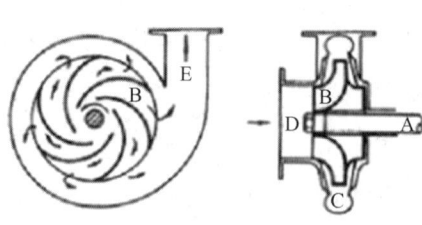

图1-26　单级离心泵

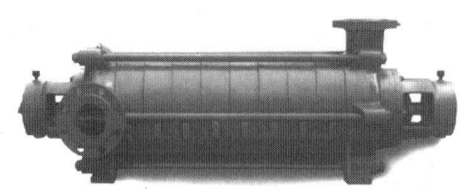

图 1-27　多级离心泵

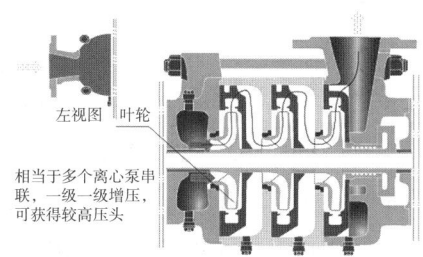

左视图　叶轮

相当于多个离心泵串联，一级一级增压，可获得较高压头

图 1-28　多级离心泵原理

2. 气动隔膜泵

气动隔膜泵是一种新型输送机械，采用压缩空气为动力源，对于各种腐蚀性液体、带颗粒的液体、高黏度、易挥发、易燃、剧毒的液体，均能予以抽光吸尽。气动隔膜泵为了使活柱不与腐蚀性料液直接接触，将气缸腔体与料液用隔膜分开，实质也是往复泵的原理（见图 1-29）。

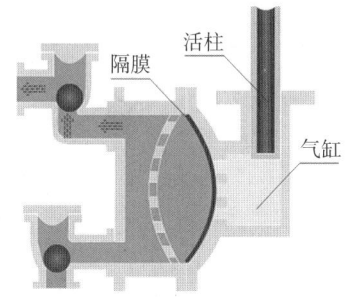

隔膜　活柱　气缸

图 1-29　气动隔膜泵

3. 齿轮泵

齿轮泵两齿轮的齿相互分开，形成低压，液体吸入，并由壳壁推送到另一侧。另一侧两齿轮互相合拢，形成高压，将液体排出（见图 1-30）。

4. 螺杆泵

螺杆泵与齿轮泵十分相似，一个螺杆传动，带动另一个螺杆，液体被拦截在啮合室内，沿杆轴方向推进，然后被挤向中央排出（见图 1-31）。

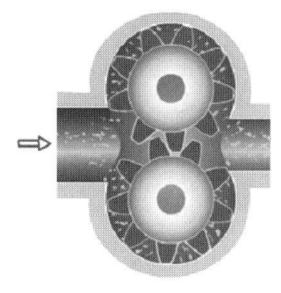

图 1-30　齿轮泵

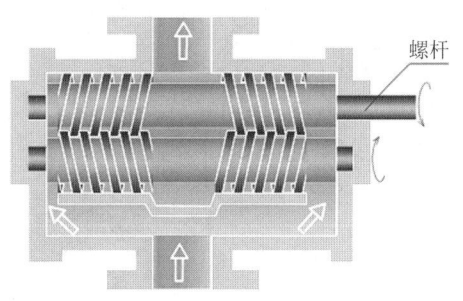

螺杆

图 1-31　螺杆泵

5. 旋涡泵

旋涡泵叶片凹槽中的液体，被离心力甩向流道，一次增压，流道中的液体又因槽中液体被甩出形成低压，再次进入凹槽，再次增压，多次的凹槽—流道—凹槽的旋涡运动，从而得到较高压头（见图 1-32）。

6. 轴流管道泵

轴流管道泵的叶轮设计成轴流式，转速很高，如果电机功率、叶轮直径、管道直径足够大的话，流量可以很大（见图 13-3。）

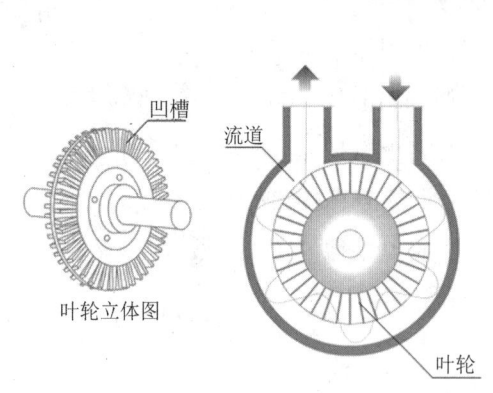
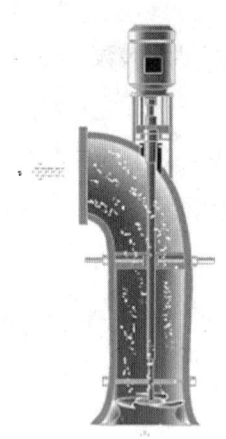

图 1-32　旋涡泵　　　　　　　　图 1-33　轴流管道泵

二、风机

在化工生产过程中，需将气体从一处送至另一处。这种向气体提供机械能的装置而输送气体的机械则称为风机或压缩机。陶瓷工程机械的风机主要有：

1. 罗茨鼓风机

罗茨鼓风机下侧两"鞋底尖"分开时，形成低压，将气体吸入；上侧两"鞋底尖"合拢时，形成高压，将气体排出（见图 1-34）。

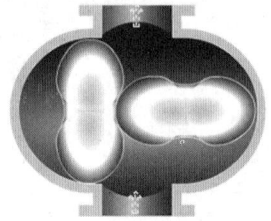

图 1-34　罗茨鼓风机

2. 水环式真空泵

水环式真空泵的叶轮与泵壳呈偏心，泵壳内充一定量的水，叶轮旋转使水形成水环，相邻叶片（如图中红色叶片）旋转时，与水环形成的空间（气室）变大即进气，空间（气室）逐渐变小，即空气被压缩，多组相邻叶片，即多组往复压缩（见图1-35）。

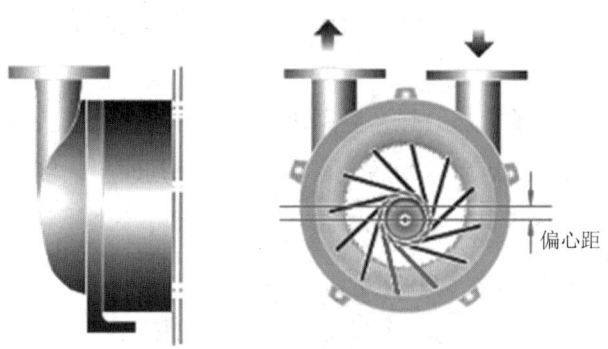

图1-35　水环式真空泵

3. 离心通风机

离心通风机的原理与离心泵相同，叶轮上叶片的数目比离心泵的稍多，叶片比较短，中低压风机的叶片常向前弯，高压风机的叶片为后弯叶片（见图1-36）。

图1-36　离心通风机

第五节　连续输送设备

陶瓷的生产工艺流程是比较复杂的，从原料到成品需经几公里的路程，加上匣钵的搬运、废次品的回流等，形成了陶瓷厂搬运工作量比较大的特点，而且陶瓷原料耐磨性强，陶瓷产品及半成品容易破裂，工作环境湿度大和粉尘多。因此，合理地选用输送机械对于提高生产率、降低劳动强度和成本，使工艺布置紧凑及生产过程的连续化等都具有重要意义。

本节主要介绍陶瓷厂常用的带式输送机、斗式提升机和螺旋输送机等输送设备。

1. 带式输送机

带式输送机是一种适应能力强、应用比较广泛的连续输送机械。通常用来输送散粒物料，有时也用来搬运单件物品。在采用多点驱动时，长度几乎不受限制。作为越野输送时，可远达几十公里（见图1-37）。

图1-37　带式输送机

2. 斗式提升机

斗式提升机是一种利用胶带或链条作牵引件来带动料斗以实现升运作用的机械。斗式提升机在中短距离内垂直提升较小粒度的散料，易于密闭以改善工作环境（见图1-38）。

图1-38　斗式提升机

3. 螺旋输送机

螺旋输送机是利用刚性螺旋的原地旋转来实现物料的轴向输送，它结构简单，体形紧凑，传动方便，不引起粉尘飞扬，便于短距离输送粉粒状物（见图1-39）。

图 1-39　螺旋输送机

4. 辊子输送机

辊子输送机是利用驱动辊子或成件物品重力进行运输。其特点是结构简单，工作可靠，安、拆装方便，易于维修（见图1-40）。

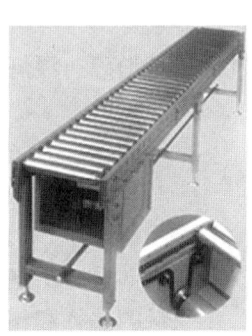

图 1-40　辊子输送机

第二章

陶瓷生产工艺

第一节　陶瓷的概述

一、陶瓷的定义

以黏土为主要原料加上其他天然矿物原料经过拣选、粉碎、混炼、煅烧等工序制作的各类产品称作陶瓷。

二、陶瓷发展史

我国是陶瓷生产大国，陶瓷生产有着悠久的历史和辉煌成就。我国最早烧制的是陶器。由于古代人民经过长期实践，积累经验，在原料的选择和精制、窑炉的改进及烧成温度的提高，釉的发展和使用有了新的突破，实现陶器到瓷器的转变。

三、陶瓷行业布局

（1）生产基地以佛山为主。
（2）新的生产基地目前在江西兴起。

四、瓷砖分类

瓷砖品种繁多，其分类如图2-1所示。

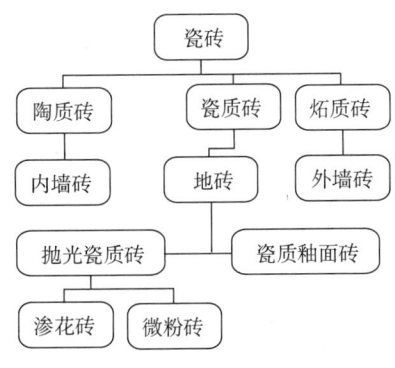

图 2-1　瓷砖的分类

五、瓷砖的分类原则

表 2-1　瓷砖的分类原则

	陶质砖	炻质砖	瓷质砖
吸水率 E	E>10%	0.5%<E<10%	E<0.5%
透光性	不透光	透光性差	透光
坯体特征	未玻化或玻化程度差，结构不致密，断面粗糙，敲之声音粗哑	半玻化状态，结构比陶质瓷致密，断面呈石状	玻化程度高，结构致密，断面呈贝壳状，敲之声音清脆
强度	机械强度低	机械强度比陶质瓷高	机械强度高
烧结程度	较差	较好	良好
烧成温度	1100℃左右	1180℃左右	1250℃左右

第二节　地砖生产工艺流程

地砖生产一般可分为三个步骤：坯料的制备、釉料的制备、生产线工艺流程。

一、坯料的制备

坯料制备流程一般按以下顺序进行（见图 2-2）。

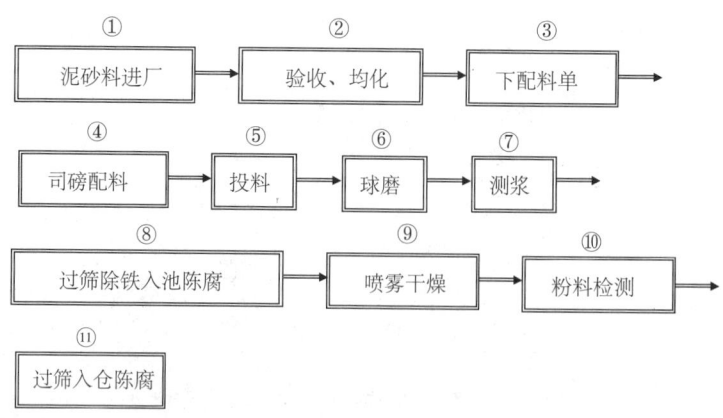

图 2-2 坯料制备流程

1. 泥沙料进厂

泥沙料主要有以黏土为代表的可塑性原料、以含石英砂料为代表的瘠性原料、以长石为主的熔剂性原料。如果说石英是瓷砖的骨架，黏土就是瓷砖的经脉，而长石则是连接两者的血液。黏土与适量的水混合以后形成泥团，这种泥团在一定外力作用下产生形变但不开裂，当外力去掉以后，仍能保持其形状不变。黏土的这种性质称为可塑性（见图 2-5）。

图 2-3　船运

图 2-4　车运

长石

砂料

黏土

图 2-5　泥沙料

2. 验收、均化

（1）验收。原料进厂后由分厂验收人员取样进行检测，合格后过磅放入室外仓均化。均化后的原料才允许生产加工（见图2-6）。

（2）均化。通过挖机混合原料的各个位置，使原料不同位置的物理、化学性能相近（见图2-7）。

图 2-6 验收　　　　　　　　　　　图 2-7 均化

3. 下配料单

确定配方的原则：

（1）坯料和釉料的组成应满足产品的物理、化学性质和使用要求。

（2）拟定配方时应考虑生产工艺及设备条件。

（3）了解各种原料对产品性质的影响。

（4）拟定配方时应考虑经济上的合理性以及资源是否丰富、来源是否稳定。

配方经确定后由工艺技术员下达配方单，质检员根据泥沙料检测水分计算配方单实际投料量，由原料部负责按配方单配料。

4. 司磅配料

铲车司机根据《球磨配料看板》中的配料单，通过铲车将各种原料加入电子秤。严格控制各种泥沙料重量误差，并设质检巡检抽查，确保配料的准确性（见图2-8）。

图 2-8 司磅配料　　　　　　　　　图 2-9 投料

5. 投料

通过皮带将电子喂料机上已配好的各种物料输送到球磨机内进行投料球磨（见图 2-9）。

6. 球磨

通过输送带将泥沙料装入球磨机内，加入水和其他添加剂。根据泥浆细度要求设定球磨时间，至一定的细度测浆是否合格。球石是帮助原料研磨、破碎的物质（见图 2-10、图 2-11）。

图 2-10 球磨机

图 2-11 球石

7. 测浆

泥浆（见图 2-12）性能的要求：

（1）流动性、悬浮性要好，以便输送和储存。

（2）含水率要合适，确保制粉过程中粉料产量高，能源消耗低。

（3）保证泥浆细度，使产品尺寸收缩、烧成温度与性能的稳定。

（4）泥浆滴浆，看坯体颜色。

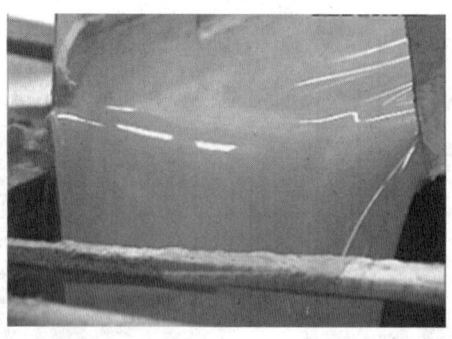

图 2-12 泥浆

8. 过筛除铁入池陈腐

泥浆水分、细度达到标准后放浆过筛、除铁（见图2-13）进入浆池内陈腐备用。

陈腐：将泥浆放入浆池一段时间，使其混合均匀，达到生产标准（见图2-14）。

图 2-13　过筛除铁　　　　　　　　　　　图 2-14　陈腐备用

9. 喷雾干燥

通过柱塞泵压力将达到工艺要求的泥浆压入干燥塔中的雾化器中，雾化器将泥浆雾化成细滴，在热风作用下干燥脱水制成一定颗粒级配的粉料（见图2-15、图2-16）。

图 2-15　柱塞泵　　　　　　　　　　　　图 2-16　热风炉

10. 粉料检测

粉料性能的检测项目：

（1）粉料水分的检测，一般瓷砖粉料水分控制在6%～7%。

（2）粉料颗粒级配检测，颗粒级配即粒度分布，是指粉料中各种粒径的颗粒所占的比例。我们一般严格控制40目上的粉料颗粒度，对40目上粉料颗粒度合格率进行考核。

11. 过筛入仓陈腐

通过喷雾干燥后的粉料有一定的温度，且水分也不均匀，所以粉料一般需陈腐24 小时后使用（见图 2-17）。

（1）陈腐时间太短，水分不均匀，产品易产生夹层。

（2）陈腐时间太长，强度差，流动性差，不易填满压机模腔（见图 2-18）。

图 2-17　过筛　　　　　　　　　图 2-18　陈腐

二、釉料的制备

1. 坯与釉的定义

坯是利用铝硅酸盐矿物或少量化工原料为主要原料，利用传统的生产工艺手段，通过一定的方法成形（如干压、塑性、注浆），在一定的烧成制度下（温度制度、压力制度、气氛制度）制成具有一定形状的制品。

釉是施于陶瓷坯体表面的一层极薄的物质，它是根据坯体性能的要求，利用天然矿物原料及某些化工原料按比例配合，在高温作用下熔融而覆盖在坯体表面的富有光泽的玻璃层物质。

2. 坯料与釉料的相同点

（1）力学性能：坯和釉都具有强度高、脆性等特征。

（2）化学稳定性：坯和釉都具有较强的耐腐蚀性。

（3）电性能：传统陶瓷坯和釉都具有较大的介电常数，大多数情况下可当作绝缘体。

（4）热性能：坯和釉都具有较小膨胀系数，能够承受较大范围内的热急变。

3. 坯料与釉料的不同点

（1）力学性能：坯比釉强度大。

（2）化学稳定性：坯比釉耐腐蚀性强。

（3）热性能：坯的膨胀系数一般比釉略大。

（4）光学性能：坯体由于内部存在大量的晶体及气孔，透光性差。釉则根据内部玻璃相及其他分相的构成比例分为透明釉及乳浊釉，光泽也有高光、亚光之分。釉主要为液相。

4. 釉料的制备流程

釉料的制备流程一般按如下顺序进行（见图2-19）。

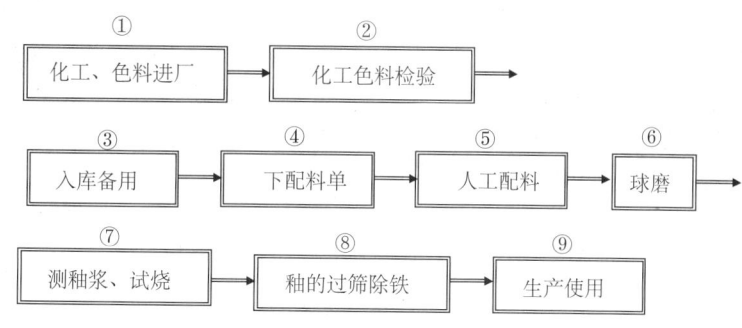

图 2-19　釉料的制备流程

（1）化工、色料进厂。根据产品生产配方需要和化工、色料库存情况，由工艺部做物料采购计划，由采购部购进合适的化工、色料。

（2）化工色料检验。化工料进厂后，由化工料检测员根据《化工、色料检验标准》与标准样做板对比试烧，验收合格者入库待用。

（3）釉班存料。合格化工、色料由釉班领料组负责领入，存储在釉班库存，用时即取（见图2-20）。

（4）下配料单。试制员根据产品做板试验后填写配方单，由釉班班长根据试制员下达的原始配方单填写配料单，准备配料（见图2-21）。

图 2-20　釉班存料

图 2-21　下配料单

注：釉料配方的确定原则与坯料大致相同。

（5）人工配料。釉班人员根据配料单将各种化工、色料过磅、配料入球磨（见图 2-22）。

（6）球磨。将配好的化工、色料、辅料加一定量的水后进行球磨，一般球磨 6~8 小时，具体时间根据釉料细度来确定（见图 2-23）。

图 2-22　人工配料

图 2-23　釉浆球磨

（7）测釉浆、试烧。测釉员对釉浆的含水率、细度、流动性等项目进行检测。由下单的试制员对制备好的釉浆进行试烧（见图 2-24）。

图 2-24　测釉浆、试烧

（8）釉的过筛除铁。有些加入黑色料的釉浆不需要除铁这个工序，除铁会影响此色料的发色（见图 2-25、图 2-26）。

（9）生产使用。通过试烧符合生产需要的釉浆，陈腐后生产时拉至生产线使用（见图 2-27）。

图 2-25　釉浆除铁过筛

图 2-26　印花釉过筛

图 2-27　生产使用

三、生产线工艺流程

生产线工艺流程一般按如下顺序进行（见图 2-28）。

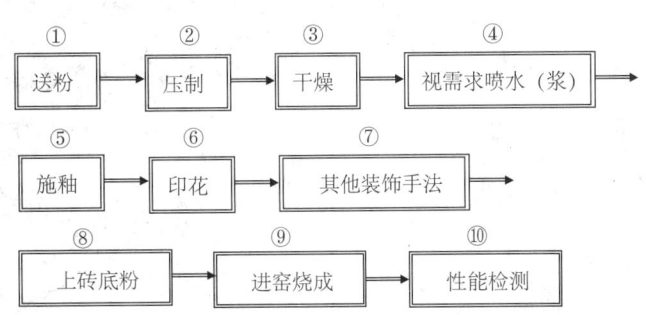

① 送粉 → ② 压制 → ③ 干燥 → ④ 视需求喷水（浆）→

⑤ 施釉 → ⑥ 印花 → ⑦ 其他装饰手法

⑧ 上砖底粉 → ⑨ 进窑烧成 → ⑩ 性能检测

图 2-28　生产线工艺流程

1. 送粉

根据生产需要，经过陈腐的粉料从陈腐仓输送至压机使用，为确保产品质量，一般情况下，几个料仓物料同时使用，以减少粉料波动对生产的影响（见图 2-29）。

图 2-29　送粉

2. 压制

粉料由输送带输送进入压机料斗，然后通过布料格栅布料、由压砖机压制成形（见图 2-30、图 2-31、图 2-32）。

3. 干燥

压制成形后的生坯含有一定的水分，为了提高生坯的强度，满足输送和后工序的需要，生坯要进行干燥。陶瓷厂现多采用多层卧式干燥窑，节省了占地面积，满足生坯对干燥速度的要求（见图 2-33）。

图 2-30　压制

图 2-31　单管布料压机

图 2-32　多管布料压机

图 2-33　多层卧室干燥窑

4. 视需求喷水（浆）

压制成形的坯体在上釉前需要喷水。其作用是：

（1）使坯温降低到施釉所需要的温度，打通坯面上的毛细孔。

（2）加强坯、釉结合性，减少生产缺陷，如缩釉。

5. 施釉

施釉的方式主要有喷釉、淋釉两种。

（1）喷釉。用喷枪通过压缩空气使釉浆在压力的作用下喷散呈雾状，施到坯体表面（见图 2-34）。

（2）淋釉。将釉浆抽入高位罐，通过釉槽和筛网格的缓冲作用，使釉浆通过光滑的钟罩，均匀如瀑布一样覆盖在坯体的表面。淋釉釉面比较适合胶辊印花（见图 2-35）。

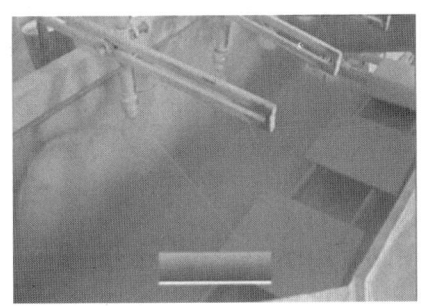

图 2-34　喷釉

图 2-35　淋釉

（3）喷釉与淋釉的区别。

表 2-2　喷釉与淋釉的区别

	喷釉	淋釉
比重	1.45 左右	1.75 左右
平整度	釉坯表面呈细颗粒状分布，表面耐磨性比较好	釉坯表面光滑适于高度精细的图案印刷或胶辊印花

6. 印花

印花是按照预先设计的图样，通过转印花网或雕刻胶辊，将印花釉透过网孔或胶辊的毛细孔转印到釉坯上。

平板印花（见图 2-36）与胶辊印花（见图 2-37）的区别如表 2-3 所示。

图 2-36　平板印花

图 2-37　胶辊印花

表 2-3　平板印花与胶辊印花的区别

	平板印花	胶辊印花
成本	平板印花产品价格稍低	胶辊印花的价格较高些
操作	平板印花操作方便简单，但部分产品经常出现粘网现象	胶辊印花操作自动化程度高，对胶辊仪器操作要求比较高
效果	平板印花图案单一，没有变化	胶辊印花图案细腻，有层次感，图案变化多样

7. 其他装饰手法

施釉、印花结束后，根据产品需要有时还要用到其他方法装饰瓷砖，如打点釉，甩闪点。

8. 上砖底粉

瓷砖在高温烧制时会产生液相，假如不上砖底粉会对辊棒造成破坏。上过砖底粉的砖坯入窑烧成时才不易黏辊棒，可以延长辊棒的使用寿命。

9. 进窑烧成

（1）辊道窑。目前墙地砖生产采用辊道窑烧成，辊道窑由许多平行排列的辊棒组成辊道，通过辊棒运转带动砖坯向前移动，入窑进行烧制（见图 2-38）。

（2）产品烧成流程。砖坯→预热带→烧成带→冷却带→成品。

通过窑炉自动控制系统（见图 2-39），对产品烧制进行严格的控制，保证产品质量。

1）预热。砖坯在预热带完成有机物的挥发、结晶水的排除、晶型转变以及碳酸盐和硫酸盐的分解等物理化学反应。

图 2-38　辊道窑

图 2-39　窑炉自动控制系统

2）烧成带。瓷砖的性能在很大程度上取决于烧成带的最高烧成温度和保温时间，烧成温度和保温时间是保证坯体中出现一定量的液相也就是玻璃相，使产品具有足够的机械强度和低的吸水率，即在烧成带成瓷（见图2-40）。

图 2-40　烧成带

3）冷却带。辊道窑的冷却带分为急冷段（见图2-41）、缓冷段（见图2-42）和低温冷却段。在急冷段冷风管横贯窑内辊道上下，对制品进行直接的快速冷却；在缓冷段的窑顶和窑底设置有热风抽出口；在低温冷却段用轴流风机对制品进行冷却。

图 2-41　急冷段

图 2-42　缓冷段

10. 性能检测

地砖出窑，外观不仅要完美，在各个性能上也要符合相应的标准。

其性能的检测项目大致有：防滑系数检测、热稳定性检测、耐磨性能检测、吸水率检测、强度检测等（见图 2-43、图 2-44）。

11. 其他类型瓷砖生产工艺流程

以上我们了解了地砖的生产工艺，它对于一系列有釉砖产品，例如外墙砖、内墙砖都基本大同小异；异处表现为有的产品要一次烧成，有的要两次烧成，有的要施底釉，施釉量有的大，有的小。

 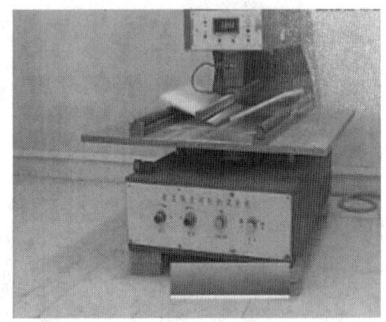

图 2-43　性能的检测　　　　　图 2-44　强度检测

釉砖在生产完成后，也可对其进行抛光处理，如波光砖，而无釉砖大部分要进行抛光处理，现就抛光生产工艺流程进行简单的介绍。

四、抛光工艺流程

抛光工艺流程一般按如下顺序进行（见图 2-45）。

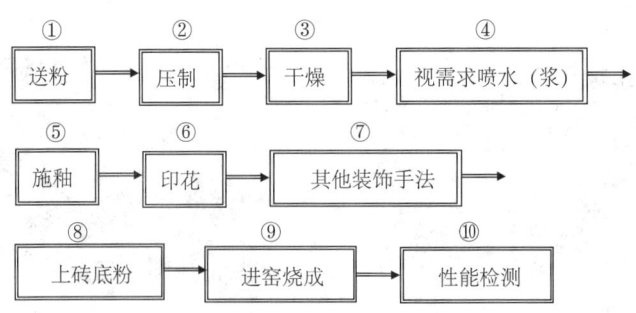

图 2-45　抛光工艺流程

1. 预切边（见图 2-46）

图 2-46　预切边

2. 刮平（见图 2-47）

图 2-47　刮平

3. 抛光

抛光可分为粗抛、中抛、精抛。根据需要选择抛光程度。

粗抛机：将砖面磨削平滑。

中抛机：光滑程度有点像哑光砖；有的为了追求这种亚光效果专门生产半抛砖。

精抛机：砖坯经过精抛机表面光滑如镜，光泽度可以达到 60～70℃。

4. 磨边、倒角

从精抛机出来的产品经过磨边、倒角，使砖坯的尺寸准确均一，并避免锋利的砖角对人造成损伤或伤害（见图 2-48）。

5. 上防污剂

为了提高防污能力，要在抛光砖的表面涂一层防污剂；防污剂可以阻止在施工过程中水泥浆对砖的渗透，另外也会防止日常生活中墨水、茶叶汁造成的污染（见

图 2-49）。

图 2-48　磨边

图 2-49　上防污剂

6. 分选工序

由分拣人员检测产品的平整度、尺寸，合格产品包装入库（见图 2-50）。

7. 打包入库（见图 2-51）

图 2-50　平整度检测

图 2-51　自动包装机

第三章

陶瓷机械——叉车

专业能力目标

➤ 了解叉车的发展历史。

➤ 了解叉车的结构、类型及用途。

➤ 熟悉叉车的基本操作。

➤ 熟悉叉车的安全操作规范及流程。

➤ 熟悉叉车日常检查项目。

➤ 了解叉车的保养流程。

➤ 了解叉车在陶瓷工程中的应用。

社会能力目标

➤ 通过分组活动，培养团队协作能力。

➤ 通过实践操作叉车，培养叉车的驾驶能力。

第一节　叉车的概述

一、叉车的发展史

叉车在企业的物流系统中扮演着非常重要的角色，是物料搬运设备中的主力军。

广泛应用于车站、港口、机场、工厂、仓库等国民经济各部门，是机械化装卸、堆垛和短距离运输的高效设备（见图3-1）。

图3-1　叉车

图3-2　工作中的叉车

自行式叉车出现于1917年。第二次世界大战期间，叉车得到发展。中国从20世纪50年代初开始制造叉车。特别是随着中国经济的快速发展，大部分企业的物料搬运已经脱离了原始的人工搬运，取而代之的是以叉车为主的机械化搬运（见图3-2）。

二、叉车在陶瓷工程中的用途

叉车是一种无轨、轮胎行走式的装卸搬运车辆，主要应用于物流中心、配送中心及仓储中心、厂矿企业、各类仓库、车站、港口等场所，对成件、包装件以及托盘等集装件进行装卸、堆码、拆垛、短途搬运等作业。叉车的主要工作属具是货叉，保证了安全生产，而且占用的劳动力大大减少，劳动强度大大降低，作业效率大大提高。叉车

图3-3　叉车的用途

作业，可使货物的堆垛高度大大增加（可达4~5m）。因此，船舱、车厢、仓库的空间位置得到充分利用（利用系数可提高30%~50%）。可缩短装卸、搬运、堆码的作业时间，加速了车船周转，提高了作业的安全程度，实现文明装卸。叉车作业与大型装卸机械作业相比，具有成本低、投资少的优点（见图3-3）。

三、陶瓷机械——叉车的类型

由于这四大部分的结构和安装位置的差异，形成了不同种类的叉车。通常可按动力装置、结构特点和用途分类。

1. 按动力装置分类

叉车可分为内燃叉车和电力叉车两种（见表3-1）。

表3-1　叉车的类型

种类	使用动力	优点	缺点	适用场所
内燃叉车	汽油机、柴油机、液化石油气机	独立工作性强，行驶速度快，爬坡能力大	结构复杂，不易操纵和维修；噪声大，有废气污染	道路不平，坡度大的工作场所
电力叉车	蓄电池组	操作简单，噪声小，污染小	蓄电池容量受限制、起重量受限制	平地作业

2. 按结构特点分类

叉车可分为平衡重式叉车（见图3-4）、侧叉式叉车（见图3-5）和跨车（见图3-6）等。

图3-4　平衡重式叉车

图3-5　侧叉式叉车

图3-6　跨车

3. 按车型分类

叉车可以分为内燃叉车、电动叉车和仓储叉车三大类。

（1）内燃叉车。内燃叉车又分为普通内燃叉车、重型叉车、集装箱叉车和侧叉式叉车。

1）普通内燃叉车。一般采用柴油、汽油、液化石油气或天然气发动机作为动力，载荷能力为 1.2~8.0 吨，作业通道宽度一般为 3.5~5.0 米，通常用在室外、车间或其他对尾气排放和噪声没有特殊要求的场所。由于燃料补充方便，因此可实现长时间的连续作业，而且能胜任在恶劣的环境下（如雨天）工作（见图 3-7）。

图 3-7　普通内燃叉车

图 3-8　重型叉车

2）重型叉车。采用柴油发动机作为动力，承载能力为 10.0~52.0 吨，一般用于货物较重的码头、钢铁等行业的户外作业（见图 3-8）。

3）集装箱叉车。采用柴油发动机作为动力，承载能力为 8.0~45.0 吨，一般分为空箱堆高机、重箱堆高机和集装箱正面吊。应用于集装箱搬运，如集装箱堆场或港口码头作业（见图 3-9）。

图 3-9　集装箱叉车

图 3-10　电动叉车

4）侧叉式叉车。采用柴油发动机作为动力，承载能力为 3.0~6.0 吨。在不转弯的情况下，具有直接从侧面叉取货物的能力，因此主要用来叉取长条形的货物，如木条、钢筋等（见图 3-5）。

（2）电动叉车。以电动机为动力，蓄电池为能源。承载能力为 1.0~4.8 吨，作业通道宽度一般为 3.5~5.0 米。由于没有污染、噪声小，因此广泛应用于对环境要求较高的工况，如医药、食品等行业。由于每个电池一般在工作约 8 小时后需要充电，因此对于多班制的工况需要配备备用电池（见图 3-10）。

（3）仓储叉车。仓储叉车主要是为仓库内搬运货物而设计的叉车。除了少数仓储叉车（如手动托盘叉车）是采用人力驱动的，其他都是以电动机驱动的，因其车体紧凑、移动灵活、自重轻和环保性能好而在仓储业得到普遍应用。在多班作业时，电机驱动的仓储叉车需要有备用电池。

1）人力叉车（见图 3-11）。

图 3-11　人力叉车

图 3-12　电动托盘托运叉车

2）电动托盘托运叉车。承载能力为 1.6~3.0 吨，作业通道宽度一般为 2.3~2.8 米，货叉提升高度一般在 210mm 左右，主要应用于仓库内的水平搬运及货物装卸。一般有步行式和站驾式两种操作方式，可根据效率要求选择（见图 3-12）。

3）电动托盘堆垛叉车。承载能力为 1.0~1.6 吨，作业通道宽度一般为 2.3~2.8 米，在结构上比电动托盘托运叉车多了门架，货叉提升高度一般在 4.8 米内，主要用于仓库内的货物堆垛及装卸（见图 3-13）。

4）前移式叉车。承载能力为 1.0~2.5 吨，门架可以整体前移或缩回，缩回时作业通道宽度一般为 2.7~3.2 米，提升高度最高可达 11 米左右，常用于仓库内中等高度的堆垛、取货作业（见图 3-14）。

图 3-13　电动托盘堆垛叉车

图 3-14　前移式叉车

5）电动拣选叉车。在某些工况下（如超市的配送中心），不需要整托盘出货，而是按照订单拣选多种品种的货物组成一个托盘，此环节称为拣选。按照拣选货物的高度，电动拣选叉车可分为低位拣选叉车（2.5 米内）和中高位拣选叉车（最高可达 10 米）。承载能力为 2.0~2.5 吨（低位）、1.0~1.2 吨（中高位，带驾驶室提升）（见图3-15）。

图 3-15　电动拣选叉车

图 3-16　低位驾驶三向堆垛叉车

6）低位驾驶三向堆垛叉车。通常配备一个三向堆垛头，叉车不需要转向，货叉旋转就可以实现两侧的货物堆垛和取货，通道宽度为 1.5~2.0 米，提升高度可达 12 米。叉车的驾驶室始终在地面不能提升，考虑到操作视野的限制，主要用于提升高度低于 6 米的工况（见图3-16）。

7）高位驾驶三向堆垛叉车。与低位驾驶三向堆垛叉车类似，高位驾驶三向堆垛叉车也配有一个三向堆垛头，通道宽度为 1.5~2.0 米，提升高度可达 14.5 米。其驾驶室可以提升，驾驶员可以清楚地观察到任何高度的货物，也可以进行拣选作业。高位驾驶三向堆垛叉车在效率和各种性能方面都优于低位驾驶三向堆垛叉车，因此该车型已经逐步替代低位驾驶三向堆垛叉车（见图3-17）。

图 3-17 高位驾驶三向堆垛叉车

图 3-18 电动牵引车

8）电动牵引车。牵引车采用电动机驱动，利用其牵引能力（3.0～25 吨），后面拉动几个装载货物的小车。经常用于车间内或车间之间大批货物的运输，如汽车制造业仓库向装配线的运输、机场的行李运输（见图3-18）。

四、陶瓷机械——叉车的构成

叉车种类繁多，但不论哪种类型的叉车，基本上都由动力部分、底盘、工作部分和电气设备四大部分构成（见图3-19、图3-20）。

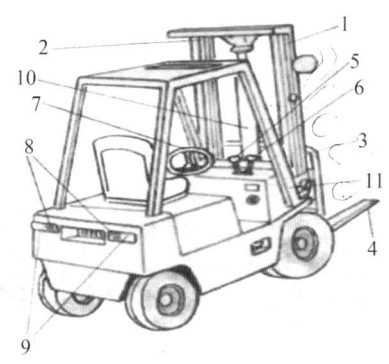
图 3-19 叉车结构示意图

1—门架；2—内门架；3—载物靠背；4—货叉；5—升降杆；6—前、后倾杆；7—方向盘；8—指示灯；9—刹车灯；10—起升油缸；11—司机安全保险

图 3-20 叉车整体结构

其中动力部分为叉车提供动力，一般装于叉车的后部，兼起平衡配重作用。叉车按照动力来源分为内燃叉车（柴油和液化气发动机）以及电动叉车（见图 3-21、图 3-22）。

图 3-21 内燃叉车：柴油和液化气

图 3-22 电动叉车：直流电和交流电

底盘部分接受动力装置的动力，使叉车运动并保证其正常行走（见图 3-23、图 3-24）。

图 3-23 叉车底盘部件

图 3-24 叉车尾部

工作部分用来叉取货物和升降货物（见图3-25）。

图3-25　门架及货叉

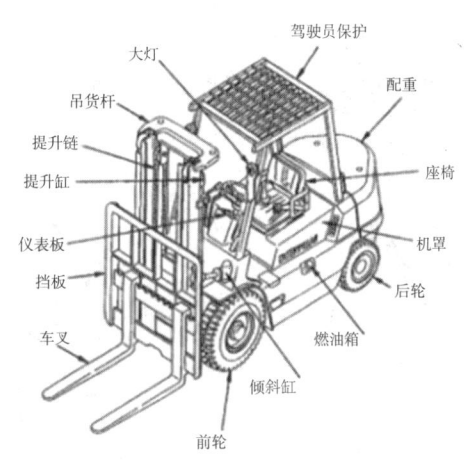

图3-26　叉车的主要部分

电气设备部分用来完成叉车的启动、照明、风扇、音响等方面的工作（见图3-26）。

第二节　陶瓷机械——叉车基本操作

一、认识道路交通标志及标线

为了维护厂区道路交通秩序，保证道路安全、畅通，保障人民生命财产安全，在厂区道路范围内应根据情况需要，设置必要的交通标志。在一些大型厂矿企业交通繁忙的地段和交叉路口，还应设置交通信号灯，以防止交通事故的发生。对于每个场内机动车辆驾驶员来说，除了掌握基本知识和有关《交通法规》外，还应该熟悉和掌握《道路交通标志与标线》。叉车操作工应认识的道路交通标志及标线如表3-2、表3-3、表3-4所示。

表3-2 警告标志

双向交通	注意行人	下陡坡
T形交叉	向右急弯路	上陡坡
向左急弯路	环形交叉	反向弯路
连续弯路	两侧变窄	注意信号灯
注意横风	易滑	路面不平
有人看守铁路道口	无人看守铁路道口	事故易发路段

续表

慢行	施工	注意危险

表3-3　禁令标志

禁止行人通行	禁止驶入	禁止非机动车通行

禁止机动车通行	禁止向左转弯	禁止向右转弯

禁止直行	禁止向左向右转弯	禁止直行和向左转弯

禁止直行和向右转弯	禁止掉头	禁止超车

禁止车辆临时或长时停放	禁止鸣喇叭	限制宽度

续表

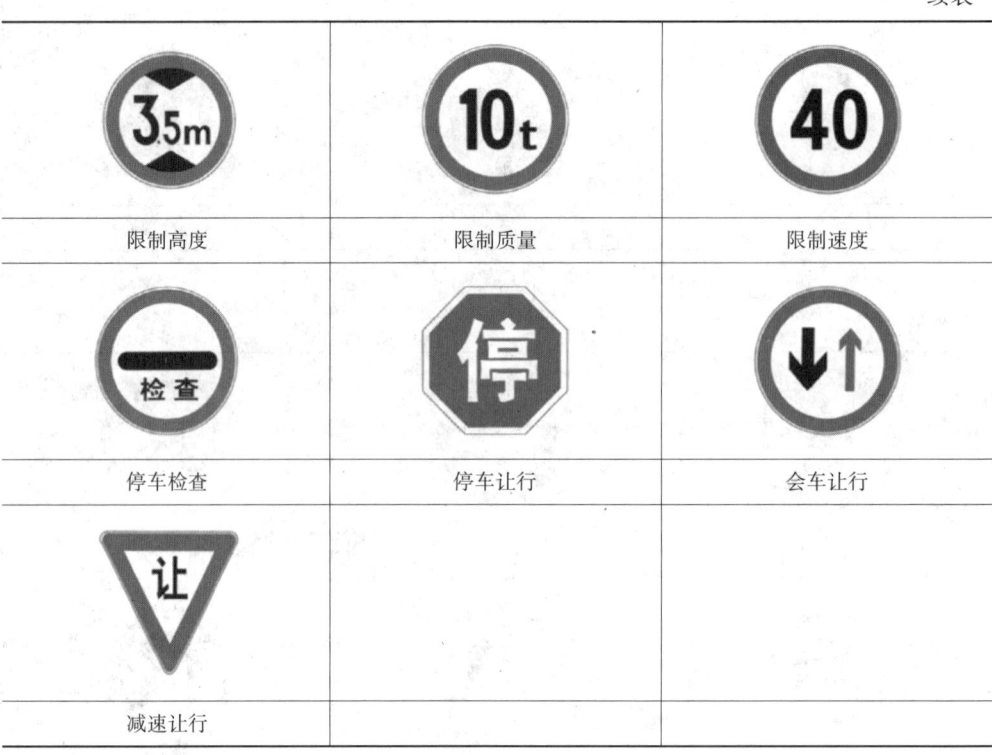

限制高度	限制质量	限制速度
停车检查	停车让行	会车让行
减速让行		

表3-4　指示标志

直行	向左转弯	向右转弯
直行和向左转弯	直行和向右转弯	向左和向右转弯
靠右侧道路行驶	靠左侧道路行驶	环岛行驶

续表

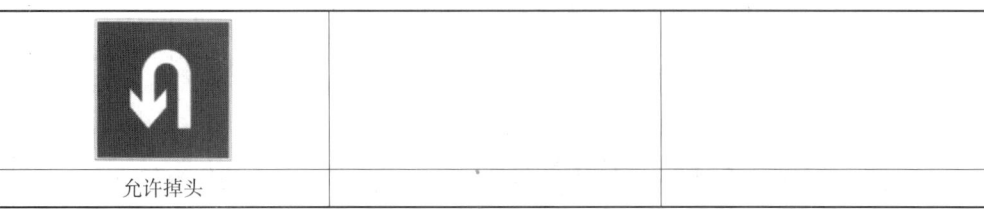		
允许掉头		

二、叉车仪表台、操纵机构的认识

叉车的仪表台一般位于驾驶室方向盘下，不同型号的叉车，其仪表台略有不同，但一般都包含以下内容（见图3-27）。

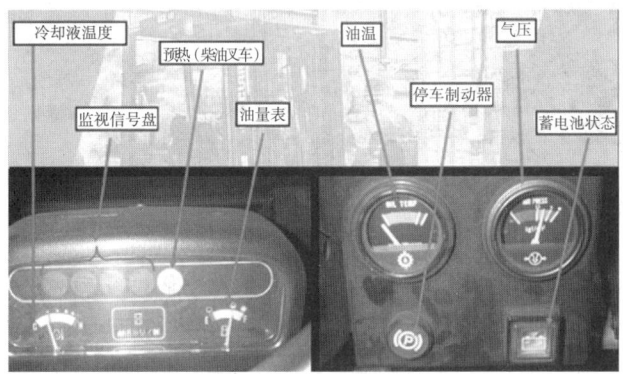

图 3-27　叉车仪表台

叉车的驾驶需要操作不同的操纵机构，不同型号的叉车，其操纵机构略有不同，但一般都包含以下内容（见图3-28）。

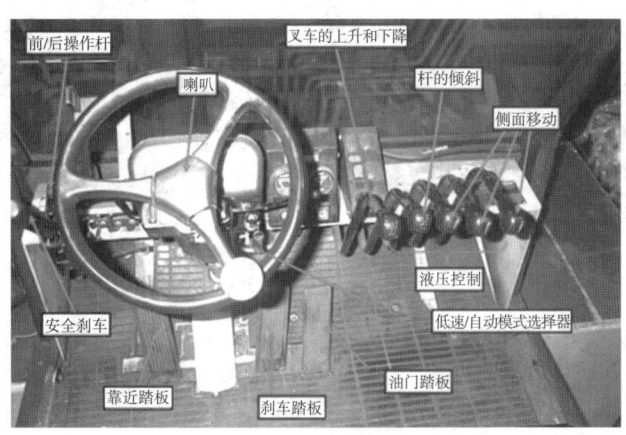

图 3-28　叉车的操纵机构

三、叉车在陶瓷工程中的安全操作流程

按要求穿戴好劳保用品（见图3-29）。

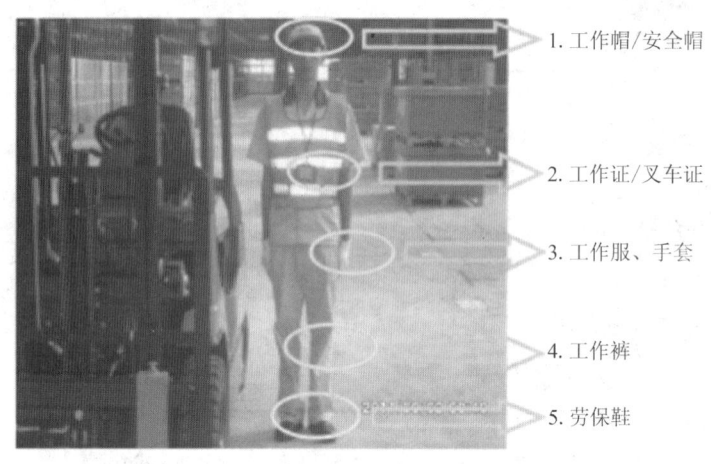

1. 工作帽/安全帽

2. 工作证/叉车证

3. 工作服、手套

4. 工作裤

5. 劳保鞋

图 3-29　穿戴劳保用品

1. 驾车前点检

叉车轮胎及紧固轮胎螺母的点检。注意事项：螺母松动易导致轮胎脱落，轮胎磨损严重与地面的摩擦力减小易侧滑，造成安全隐患（见图3-30）。

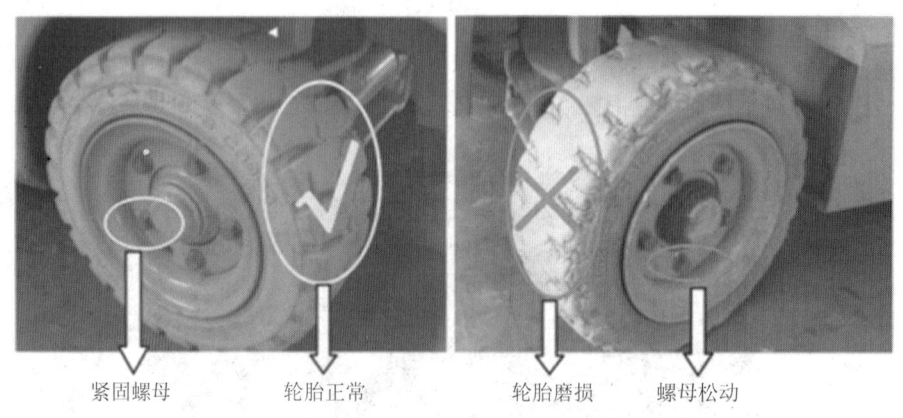

紧固螺母　　　轮胎正常　　　轮胎磨损　　　螺母松动

图 3-30　检查轮胎及螺母

绕车四周检查。绕车四周检查，检查车身是否有磕碰，螺母是否松动，轮胎是否正常，四周有无障碍物（见图3-31）。

2. 行车检查

上车时标准动作为左侧上车，上车时不应磕碰身体（见图3-32）。

图 3-31　绕车四周检查

图 3-32　左侧上车

系好安全带。在作业过程中，安全带对操作人员起到保护作用（见图3-33）。

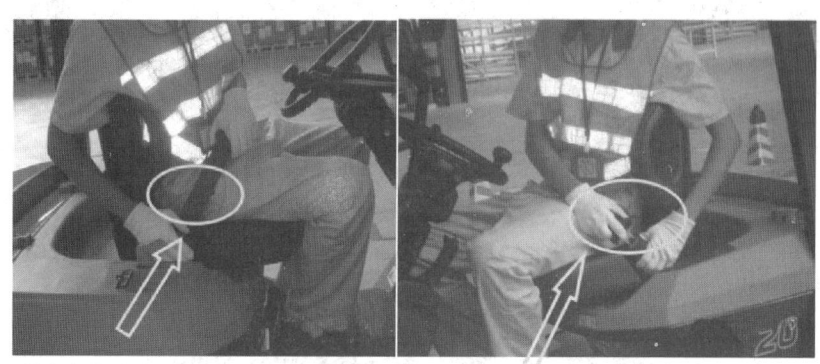

将安全带缓缓地从左边的卷带器中拉出　　　将锁舌插入安全带锁扣中

图 3-33　系好安全带

控制好油门。右脚控制油门和刹车，左脚放在空处，行驶速度随踏板行程加大而加快（见图3-34）。

放下手制动。启车时将手制动放到最低点，防止在行驶中磨损刹车片。压下制动手柄上的释放按钮，将手柄下放（见图3-35）。

图 3-34　控制好油门

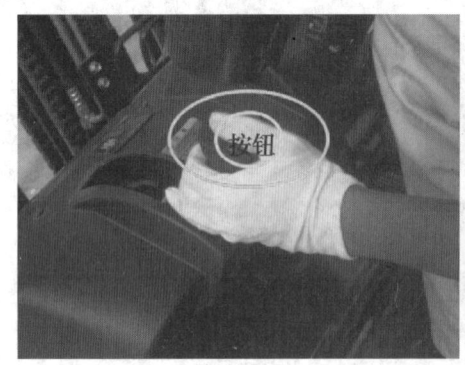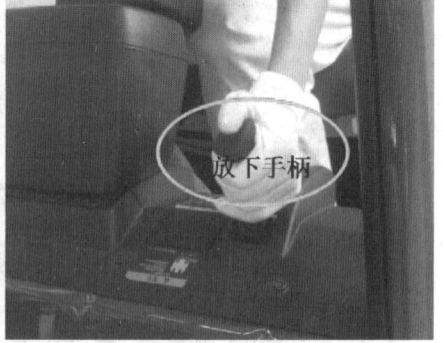

图 3-35　放下手制动

控制杆操作（见图 3-36）。

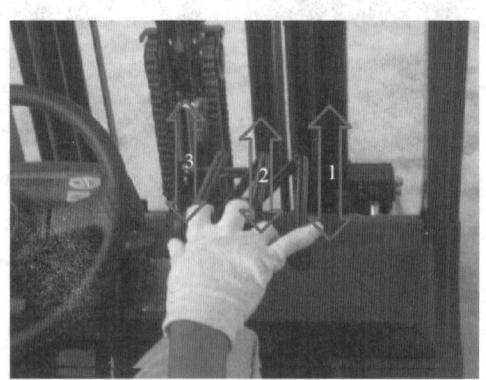

图 3-36　控制杆操作

1—左右移动货叉；2—前倾后倾门架；3—上升下降货叉

3. 叉车作业

升货叉，鸣笛开始作业。货叉离地面10~20厘米时，为了防止货叉过低，行驶中摩擦地面，鸣笛后开始作业（见图3-37、图3-38）。

图3-37　货叉离地

图3-38　鸣笛开始作业

叉车直行操作。空叉行驶时货叉平行行驶，右侧通行，叉车在无货行驶过程中，货叉与地面的高度以起落架上的标注为标准（距地面10~20厘米），且货叉向上倾斜。货叉应保持水平，不应上背或下倾，严禁急刹车和高速转弯（见图3-39）。

叉车倒车操作。左手掌握方向盘轮轴，右手扶叉车右后侧门架，身体右转45°。倒车时目视后方，避免发生安全事故（见图3-40）。

图3-39　货叉与地面平行

图3-40　倒车操作

4. 叉车停车操作

叉车转弯处停车确认，叉车停放在指定位置。叉车转弯时鸣笛、停车确认后方可行驶。叉车作业完毕，必须将车停放到指定区域，拉起电源紧急开关（见图3-41）。

转弯处停车确认   叉车停放区域

图 3-41   转弯操作

踩住刹车，拉手制动，货叉平放至地面最低点。下车时将货叉平放地面，拉手刹，防止溜车（见图 3-42）。

图 3-42   防止溜车

叉车关闭点火锁。下车时将钥匙逆时针转动，取下，防止其他人动用叉车（见图 3-43）。

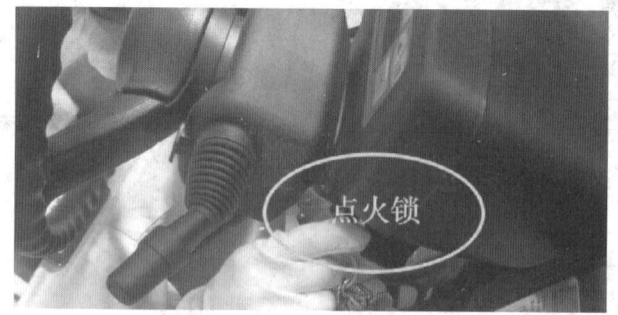

图 3-43   关闭点火锁

关闭灯光装置，拉手刹。关闭灯光：逆时针旋转控制杆；将手制动向上拉起（见图3-44、图3-45）。

图3-44　关闭灯光装置　　　　　　　　图3-45　手制动器上拉

解安全带。按下安全带锁扣上的红色按钮，松开安全带，将安全带缩回卷带器中（见图3-46）。

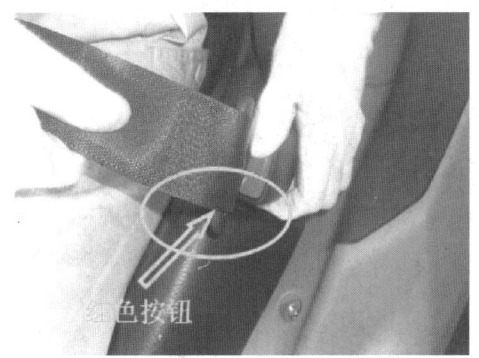

图3-46　解安全带

左侧下车。按标准动作操作，在下车时不易滑倒（见图3-47）。

图3-47　左侧下车

5. 叉车摘箱操作

货叉向前微倾，将货叉叉入货物底部 2/3 以上。货叉微倾，防止叉坏货箱，货叉要进入承载箱 2/3 以上，防止在运输过程中货箱侧翻（见图 3-48）。

1.货叉向前微倾　　　2.货叉叉入货物底部2/3以上

图 3-48　插取货物

货叉提升 30~40 厘米，目视后方，倒车离开堆垛位置。货物处于起升状态时，绝不允许停机或离开叉车（见图 3-49）。

目视后方　　　　货箱提升与承载箱高度为30~40厘米

图 3-49　倒离堆垛

6. 叉车堆垛操作

插取货箱，行驶至承载箱正上方，使货箱四角与承载箱四角对齐。叉起货箱时的高度高于承载箱，防止碰撞承载箱（见图 3-50）。

落入承载箱对应两角上，缓慢前倾货叉并同时后撤车辆。将货箱四角落入承载箱四角内，防止货箱侧翻（见图 3-51）。

将货箱平稳放入承载箱四角内，货叉缓慢平稳退出。退叉时货叉不宜前倾后背，防止货叉与货箱边摩擦（见图 3-52）。

承载箱正上方　　　　　货箱四角与承载箱四角对齐

图 3-50　货物对齐

落入对应两角　　　　　前倾货叉并后撤车辆

图 3-51　放置货物

货箱放入承载箱四角内　　　货叉缓慢平稳退出

图 3-52　退出货叉

7. 叉车出库操作

叉车出库时需上下、左右瞭望，鸣笛后方可通行（见图3-53）。

图3-53　鸣笛瞭望

四、叉车在陶瓷工程中安全操作规范

1. 持有操作证者方可操作

驾驶人员必须经过专业训练，并经有关部门考核批准，发给合格证书，方准单独操作，严禁无证驾驶（见图3-54）。

2. 穿着注意安全（见图3-55）

图3-54　持证上岗

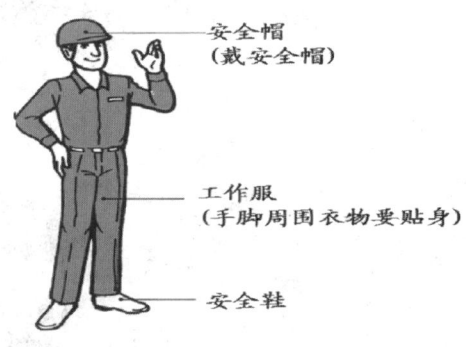

图3-55　穿着工装

3. 设计正确的工作流程（见图3-56）

4. 注意定期保养叉车（见图3-57）

图 3-56　做好计划

图 3-57　定期保养

5. 严禁手扶持货物（见图 3-58）

图 3-58　严禁手持货物

6. 在转弯盲角处放慢速度（见图 3-59）

图 3-59　拐弯慢速

7. 开车前要注意检查叉车的工况（见图 3-60）

图 3-60　工前检查

8. 注意机动车辆和叉车转向轮位置的不同

机动车辆一般为前轮转向，而叉车一般为后轮转向（见图 3-61）。

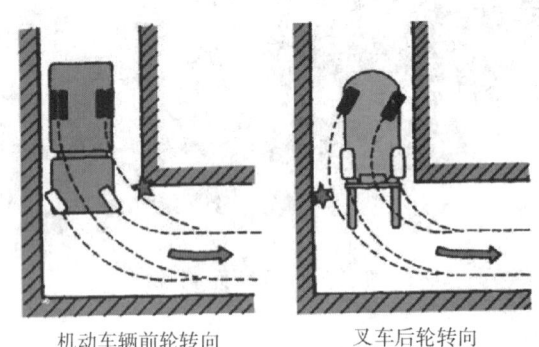

机动车辆前轮转向　　　　叉车后轮转向

图 3-61　注意转向轮位置

9. 在黑暗处操作时打开操作灯（见图 3-62）

图 3-62　亮灯操作

10. 调节货叉宽度适应托盘的定位（见图 3-63）

11. 注意高度限制（见图 3-64）

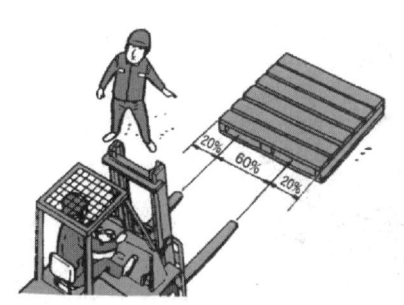

图 3-63　调整货叉

图 3-64　注意限高

12. 遵守速度限制规定（见图 3-65）

13. 在平地上行驶时放低门架（见图 3-66）

图 3-65　注意限速

图 3-66　门架放低

14. 无负载行驶在斜坡上时，可采用前进或后退方式操作叉车（见图 3-67）

图 3-67　无负载上下坡

15. 有负载行驶在斜坡上时，货物必须在高位，以免发生货物倾覆（见图3-68）

图 3-68　有负载上下坡

16. 严禁在门架和护顶架之间工作（见图3-69）

图 3-69　严禁在门架和护顶之间工作

17. 严禁高速转弯或者急转弯，以免翻车（见图3-70）

图 3-70　严禁高速转弯

18. 货物必须均匀放置到两个货叉的中间（见图 3-71）

图 3-71 货物置中

五、叉车在陶瓷工程中安全操作注意事项

1. 不要跳离叉车

如果叉车开始倾斜，不要跳离叉车。双手紧握方向盘，撑开双腿，将身体倾向倾斜的反方向。始终坐在座椅上，避免被压在叉车和地板之间（见图 3-72）。

2. 注意行人

不允许任何人站在或经过提升起的货叉下，也不允许直接站在叉车后部或在叉车转弯时位于后部回旋区内（见图 3-73）。

图 3-72 不要跳离叉车   图 3-73 注意行人

3. 注意地板的支撑强度

不要以为任何地区的地板都有足够的强度来支撑装载或空载的叉车。应随时了解地板的强度是否足够支撑叉车的重量（见图3-74）。

4. 不得运载人员

不得使用叉车或货叉运载人员，不允许让人员站在托盘上用货叉升起。如果需要提升人员，必须使用符合标准的安全起升架并正确固定。不得使用安全起升架运载人员（见图3-75）。

图3-74　注意地板支撑强度

图3-75　不得运载人员

5. 视野要开阔

带载运行时，应尽可能降低门架并后倾。正视前方，保证有开阔的视野。如果货物挡住视线，则必须后退行驶（上坡除外）（见图3-76）。

图3-76　视野要开阔

6. 禁止在驾驶叉车时游戏或打闹

安全驾驶取决于你的驾驶态度，当你坐在驾驶室时，就必须要有安全驾驶的意识，一定要注意安全，招致事故的，并非车辆，而是你本人（见图3-77）。

7. 注意运载庞大货物并在坡道行驶方法

如果运载的货物庞大，阻碍了前方的视线，就必须后退行驶。当需要上坡时，应将叉车朝前进方向行驶，并由其他人员协助引导（见图3-78）。

图3-77 严肃开车

图3-78 注意庞大货物运载

8. 加油或检查蓄电池时不允许抽烟

加油或检查蓄电池时，必须关断发动机和电源，不允许抽烟或有明火（见图3-79）。

9. 注意安全离开叉车

离开叉车前，完全降下货叉，拉紧手制动，取下电门开关钥匙，按下紧急隔离开关按钮，如果将叉车停放在斜坡上，必须堵住车辆（见图3-80）。

图3-79 严禁吸烟

图3-80 安全离车

六、叉车在陶瓷工程中驾驶常见违规现象

叉车驾驶常见的违规现象主要有超速、超高、倒车不观察、转弯过急、注意力

分散、未倒车下坡、疲劳驾驶等（见图 3-81、图 3-82、图 3-83、图 3-84、图 3-85、图 3-86）。

图 3-81 超速

图 3-82 超高

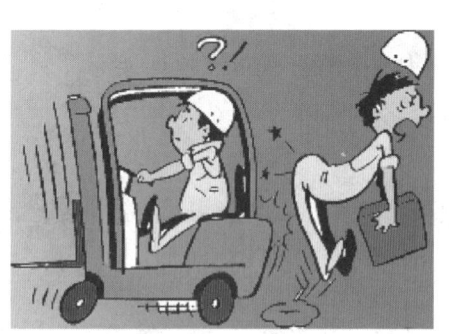

图 3-83 倒车不观察

图 3-84 转弯过急

图 3-85 注意力分散

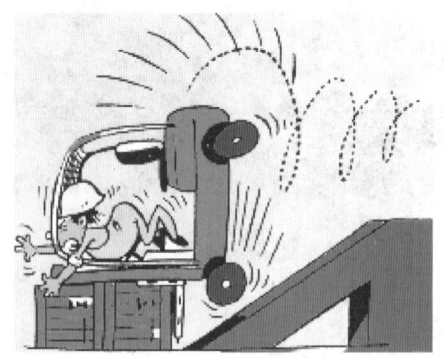

图 3-86 未倒车下坡

第三节　陶瓷机械——叉车的日常检查与保养

一、叉车在陶瓷工程中的日常检查

1. 检查叉车轮胎

主要检查轮胎螺栓是否缺少、松动；检查轮胎气压；如果轮胎气压不足要及时充气（使用充气工具）；测量气压使用（测压表测试）轮胎上是否有钉子、刨花；轮胎是否磨损；轮胎是否有划伤；胎纹中嵌入石子等杂物应及时清除（见图3-87）。

2. 检查升降链条的松紧度、是否缺油

如链条松动，可以用扳手将链条下方的螺栓紧固；如缺黄油，可涂抹适量黄油，以黄油不往下坠落为标准（见图3-88）。

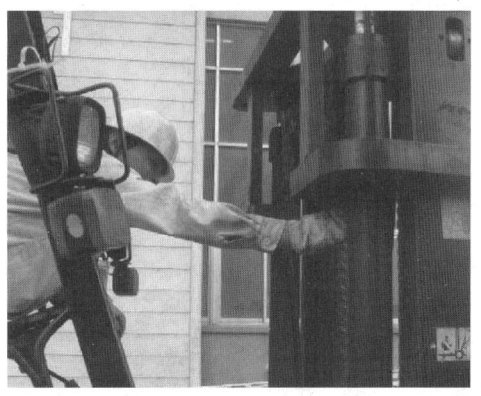

图3-87　检查轮胎　　　　　　　图3-88　检查升降链条

3. 检查叉车门架

检查叉车门架是否松动，如松动加以紧固；如变形可以进行校正。检查油漆是否脱落，如脱落可以进行补刷油漆（见图3-89）。

4. 检查铲臂挂钩销子

检查铲臂销是否完好、断裂、弯曲，能修理的修理；如果损坏要及时报修、更换新的（见图3-90）。

图 3-89　检查门架

图 3-90　检查挂钩销子

5. 检查叉车电瓶

检查电瓶桩头是否腐蚀、缺损，如果损坏应及时更换、维修。检查电解液是否缺少，如缺少就补加。检查电解液电瓶是否干净清洁；电瓶正负极连接线是否松动，如松动及时用扳手拧紧；电瓶表面是否有溢出电解液体，有的话及时擦拭干净。检查蓄电池极柱导线是否松动，发电机是否需要充电（见图 3-91）。

6. 检查液压油

检查液压油是否缺少，缺少就及时加油，加油量以液压油标尺测量为准。一定要选择早上未启动叉车发动机之前检查的液压油才算准确。油箱通气孔畅通、货叉在最低位置时，液压油油面距油箱上平面 50mm 左右（见图 3-92）。

图.3-91　检查电瓶

图 3-92　检查液压油

7. 检查机油

检查机油是否缺少，如果缺少要按照机油表上的刻度加至 2/3 刻度为标准。如果机油加注超出规定标准，会导致"飞车"。解决"飞车"故障可用塑料布将叉车顶棚后面的两根立柱上的进气孔封住即可。机油加好后，将机油测量表插好，再将盖子盖好（见图3-93）。

在两个横杠之间为正常

图3-93　检查机油

8. 检查叉车车灯

检查车灯是否完好、无破损，叉车灯包括大灯、转向灯、倒车灯（见图3-94）。

9. 检查各轴承

检查轴承上面是否有黄油，如黄油缺少要及时加注；加注至轻微冒出"加注孔"为宜（见图3-95）。

图3-94　检查车灯

图3-95　检查轴承

10. 检查整车

检查整车状况（油漆是否脱落），如脱落及时补刷油漆；还需检查叉车上外设电风扇是否完好（见图 3-96）。

11. 上车检查

检查只有启动后方可检查的项目；启动叉车；左手握住方向盘手柄；右手将电源开关手柄往上拉起；将叉车钥匙插入启动开关钥匙孔，轻轻向右旋拧 45 度后发动机启动；右手握住叉车前插控制杆向下按，前插会翘起（后仰）（见图 3-96、图3-97）。

图 3-96　检查整车

图 3-97　上车检查

12. 发动机启动检查

检查燃油表、水温表。水温表是指示发动机工作温度的重要仪表，出水口正常工作温度为 75～85℃，散热器开锅或温度严重偏低时，说明冷却系统有问题，应排除故障后再使用。检查机油压力表，它是指示发动机润滑工作情况的重要仪表。正常使用压力为 0.2MPa，慢速时压力为0.05MPa，油压严重偏低或无压力时应禁止使用叉车，待排除故障后再使用。还需检查里程表（见图 3-98）。

图 3-98　启动检查

13. 检查转向灯

检查转向灯是否处于正常工作状态：右手摁下喇叭，听听声音是否响亮（见图 3-99）。

14. 松开手刹

左手握住手刹手柄，大拇指顺势按住手刹手柄上端的按钮。接着，手不要松开，顺势向后拉。最后松开即可打开手刹，打开手刹的同时左脚要踩在脚制动踏板上（见图3-99、图3-100）。

图3-99　转向灯检查　　　　　　　　　　图3-100　手刹检查

15. 推动排挡杆准备起步

用手轻轻放在方向盘上，左手捏住排挡杆，轻轻向前方推动。此时，左脚还是放在脚制动上踩住，将排挡杆推到1挡的位置上；将左手换握方向盘手柄，左手再握住铲臂前倾操控杆，将操控感向后拉，铲臂前倾（后仰）。然后，右手换握门架升降操控杆，并且，将操控杆向后拉为上升。铲臂上升离地面的刚度以小于500mm为宜。叉车不得停放在纵坡大于5%的坡道上（见图3-101）。

16. 起步检查

环顾四周，看看有无人或物在叉车周围，以免发生危险。鸣笛后再起步，1挡起步慢行（见图3-102）。

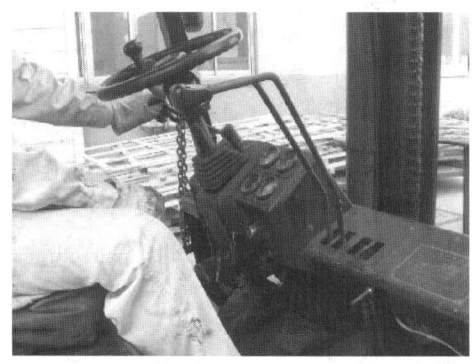 

图3-101　起步前检查　　　　　　　　　　图3-102　起步检查

二、叉车在陶瓷工程中的保养

1. 叉车保养易损件清单（见表 3-5）

表 3-5　叉车保养易损件清单表

序号	描述	图形/规格	数量/每次
1	空气滤清器滤芯		1
2	燃油滤清器		1
3	机油滤清器		1
4	液压油回油滤清器		1

序号	描述	图形/规格	数量/每次
5	发动机机油		5 升（1~1.8t） 6.5~7.5 升（2~3.8t）
6	液压油		35~40 升（1~1.8t） 40~50 升（2~3.8t）
7	液力传动油		6 升（1~1.8t） 8 升（2~3.8t）
8	齿轮油		5.5 升（1~1.8t） 8 升（2~3.8t）
9	制动液		1.5 升（1~3.8t）

续表

序号	描述	图形/规格	数量/每次
10	防锈防冻液		10~11 升
11	润滑脂（黄油）		

2. 维护保养周期及内容

维护保养时间及内容（见表3-6、表3-7、表3-8、表3-9、表3-10、表3-11、表3-12、表3-13、表3-14、表3-15、表3-16、表3-17）。

表3-6　保养周期：166 小时或 1 个月以先到为准

序号	项目	步骤
1	发动机机油	更换
2	机油滤清器	更换
3	燃油滤清器	更换
4	空气滤清器滤芯	检查清洁
5	液力变速箱吸油滤芯	更换
6	制动液	检查
7	液力变速箱油液	更换

表 3-7　保养周期：322 小时或 2 个月以先到为准

序号	项目	步骤
1	制动液	检查调整
2	机油滤清器	更换
3	空气滤清器滤芯	检查清洁
4	发动机机油	更换
5	燃油滤清器	更换

表 3-8　保养周期：500 小时或 3 个月以先到为准

序号	项目	步骤
1	机油滤清器	更换
2	燃油滤清器	更换
3	空气滤清器滤芯	检查清洁
4	制动液	检查调整
5	发动机机油	更换
6	差速器齿轮油	检查调整

表 3-9　保养周期：666 小时或 4 个月以先到为准

序号	项目	步骤
1	机油滤清器	更换
2	燃油滤清器	更换
3	空气滤清器滤芯	检查清洁
4	制动液	检查调整
5	发动机机油	更换
6	差速器齿轮油	检查调整

表 3-10　保养周期：832 小时或 5 个月以先到为准

序号	项目	步骤
1	机油滤清器	更换
2	燃油滤清器	更换
3	空气滤清器滤芯	检查清洁
4	制动液	检查调整
5	差速器齿轮油	检查调整

表 3-11　保养周期：1000 小时或 6 个月以先到为准

序号	项目	步骤
1	发动机机油	更换
2	机油滤清器	更换
3	燃油滤清器	更换
4	空气滤清器滤芯	更换
5	液力变速箱吸油滤芯	更换
6	液力变速箱油液	更换
7	变速器齿轮油	检查调整
8	制动液	检查
9	液压油回油滤清器	更换
10	液压油	更换

表 3-12　保养周期：1166 小时或 7 个月以先到为准

序号	项目	步骤
1	发动机机油	更换
2	机油滤清器	更换
3	燃油滤清器	更换
4	制动液	检查调整
5	空气滤清器滤芯	检查清洁
6	差速器齿轮油	检查调整

表 3-13　保养周期：1332 小时或 8 个月以先到为准

序号	项目	步骤
1	发动机机油	更换
2	机油滤清器	更换
3	燃油滤清器	更换
4	制动液	检查调整
5	空气滤清器滤芯	检查清洁
6	差速器齿轮油	检查调整

表 3-14　保养周期：1500 小时或 9 个月以先到为准

序号	项目	步骤
1	发动机机油	更换
2	机油滤清器	更换
3	燃油滤清器	更换
4	制动液	检查调整
5	空气滤清器滤芯	检查清洁
6	差速器齿轮油	检查调整

表 3-15　保养周期：1666 小时或 10 个月以先到为准

序号	项目	步骤
1	发动机机油	更换
2	机油滤清器	更换
3	燃油滤清器	更换
4	空气滤清器滤芯	检查清洁
5	制动液	检查调整
6	差速器齿轮油	检查调整

表 3-16　保养周期：1832 小时或 11 个月以先到为准

序号	项目	步骤
1	发动机机油	更换
2	机油滤清器	更换
3	燃油滤清器	更换
4	空气滤清器滤芯	检查清洁
5	制动液	检查调整
6	差速器齿轮油	检查调整

表 3-17　保养周期：2000 小时或 12 个月以先到为准

序号	项目	步骤
1	发动机机油	更换
2	机油滤清器	更换
3	燃油滤清器	更换

序号	项目	步骤
4	空气滤清器滤芯	更换
5	液力变速箱吸油滤芯	更换
6	液力变速箱油液	更换
7	变速器齿轮油	检查调整
8	制动液	检查
9	液压油回油滤清器	更换
10	液压油	更换

3. 定期更换关键安全零件（见表3-18）

表 3-18 定期更换关键安全零件年限表

关键安全零件名称	使用年限（年）
制动软管或硬管	1~2
起升系统用液压胶管	1~2
起升链条	2~4
液压系统用高压胶管或软管	2
制动液油杯	2~4
燃油软管	2
液压系统内部密封件	2

4. 常用配件的安装与保养

（1）空气滤清器滤芯安装在车身右侧（见图3-103）。

图 3-103 空气滤清器安装位置

（2）液压油回油滤清器更换（见图3-104）。框中为液压油回油滤清器总成，更换时将盖板螺丝拧松取出。

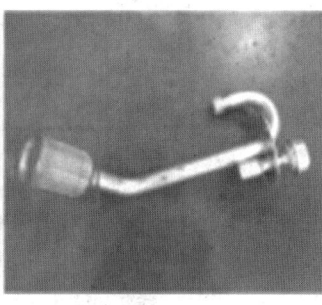

图3-104　液压油回油滤清器更换

液压油更换（液压油位于车身右侧空气滤清器下方）。L刻度线标示液面下线，装4米（含4米）以下门架的车型（包含全自由门架）液面必须高于此刻度。M刻度线标示高门架下线，装4米以上门架的车型（包括二节三节全自由门架），以及装属具车型液面必须高于此刻度。H刻度线标示液压油上线，但是装属具车型允许高于此限制（见图3-105）。

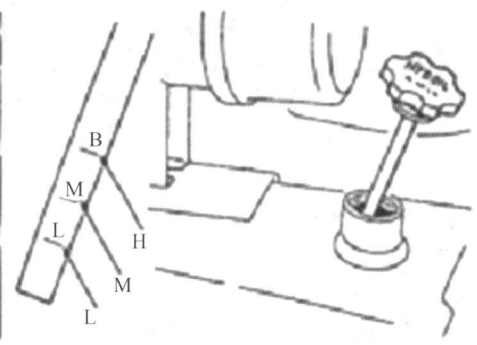

图3-105　刻度线标示

（3）燃油滤清器更换。燃油滤清器位于发动机和车身右侧（见图3-106）。

（4）机油滤清器更换。机油滤清器位于燃油滤清器下方位置（见图3-107）。

图 3-106　燃油滤清器位置　　　　图 3-107　机油滤清器位置

（5）发动机机油更换。添加机油时注意机油油标尺刻度，如右图添加至网格区域即可（见图 3-108）。

图 3-108　发动机机油更换

（6）制动液更换。制动液油杯位于制动踏板下方，添加时注意油杯刻度（见图 3-109）。

图 3-109　制动液更换

（7）防锈防冻液更换。水箱位于座椅后方盖板下（见图3-110）。

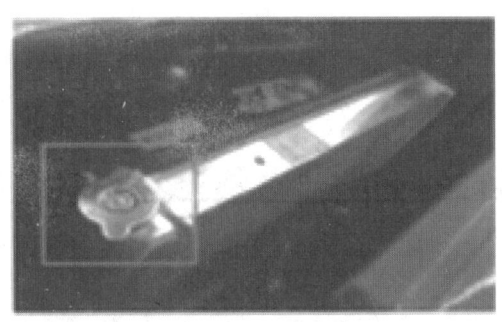

图3-110　防锈防冻液更换

（8）黄油添加。左右倾斜油缸添加点，右图为黄油嘴位置（见图3-111）。

图3-111　黄油添加（前部）

后桥左右黄油添加点，后桥左右共六处黄油嘴（见图3-112）。

图3-112　黄油添加（后部）

第四章

陶瓷机械——装载机

🎯 专业能力目标

➤ 了解装载机的发展历史。

➤ 了解装载机的结构、类型及用途。

➤ 熟悉装载机的基本操作。

➤ 熟悉装载机的安全操作规范及流程。

➤ 熟悉装载机日常检查项目。

➤ 了解装载机的保养流程。

➤ 了解装载机在陶瓷工程中的应用。

🎯 社会能力目标

➤ 通过分组活动，培养团队协作能力。

➤ 通过实践操作装载机，培养装载机的驾驶能力。

第一节　陶瓷机械——装载机的概述

一、陶瓷机械——装载机的发展史

装载机开始制造是在 20 世纪初，始于美国，后来逐步发展到英国、德国、意大利、日本等国家。最早期的装载机是在马拉农用拖拉机前部装上铲斗而成的（见图 4-1）。

图 4-1　早期装载机

20 世纪 20 年代初，出现了自身带动力的装载机，铲斗装在两根垂直臂上，铲斗的举升和下降是用钢丝绳来操纵的。

20 世纪 40 年代，装载机出现了历史上第一次结构性的大革命，带来了装载机的蓬勃发展。

驾驶室从机器后部移至前部，从而扩大了司机的视野；

发动机移到机器后部，增加了装载机的稳定性；

用柴油机代替汽油机，提高了机器工作的可靠性和安全性；

液压代替钢丝绳控制铲斗，操纵轻便、灵活；

采用四轮驱动，增大了牵引力，从而增加了插入力。

20 世纪 50 年代，装载机历史上第二次革命性大变化。

1950 年出现第一台装有液力变矩器的轮式装载机，对装载机的发展有决定性作用，使装载机能够平稳地插入料堆并使工作速度加快，而且不会因为阻力增大而导致发动机熄火。

20 世纪 60 年代，装载机出现了历史上第三次革命。1960 年出现第一台铰接式装载机，使转向性能大大改善，并增加了机动性和纵向平稳性。

20 世纪 70 年代至 80 年代，大型及特大型装载机出现了一些新技术、新结构，如卡特彼勒的 988B、992C，克拉克公司的 475B、675 等大型轮式装载机出现了可变能容的变矩器等新技术。

美国、日本等各主要装载机生产国的主要制造企业，在可靠性、舒适性、安全性及降低能耗，提高作业效率等方面作了改进，可靠性已完全过关，只要用户按操作维护保养手册去做，3 年以内基本上不会出现故障。此外，电子监控器等新技术得到应用。

二、装载机在陶瓷工程中的用途

装载机是一种广泛应用于公路、铁路、矿山、建筑、水电、港口等工程的土方施工机械，它主要用来铲、装、卸、运散装物料，也可对岩石、硬土进行轻度铲掘作业，适用于短距离转运工作（见图4-2）。

图4-2 装载机的用途

更换不同的工作装置，还可以用来推土、起重、装卸其他物料和货物（见图4-3、图4-4）。

图4-3 装载机的不同工作装置

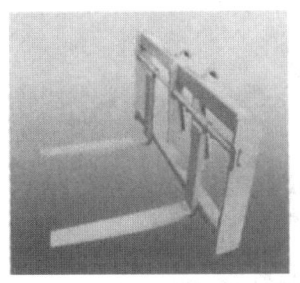
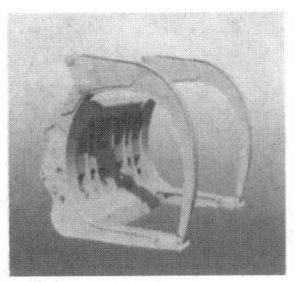

图4-4 装载叉和装载钳

三、装载机在陶瓷工程中的类型

1. 按行走装置分类

（1）轮胎式装载机。轮胎式装载机（见图4-5），分为整体式车架装载机与铰接式车架装载机。前者车架为整体式的，转向方式有后轮转向、全轮转向、前轮转向及差速转向。仅小型全液压驱动和大型电动装载机采用。后者质量轻、速度快、机动灵活、效率高、不易损坏路面，但接地比压大、通过性差、稳定性差、对场地和物料块度有一定要求。应用范围广泛。转弯半径小、纵向稳定性好，生产率高。铰接式装载机特别适于井下物料装卸运输作业。

图4-5 轮胎式装载机

（2）履带式装载机。履带式装载机（见图4-6）。接地比压小、通过性好、重心低、稳定性好、附着性能好、牵引力大、比切入力大，速度低、机动灵活性差、制造成本高、行走时易损坏路面、转移场地需拖运，适合用在工程量大、作业点集中、路面条件差的场地。

图 4-6　履带式装载机

2. 按装载方式分类

（1）前卸式。前端铲装卸载，结构简单、工作可靠、视野好。适用于各种作业场地，应用广。

（2）回转式。工作装置安装在可回转 90°～360°的转台上，侧面卸载不需调车，作业效率高；结构复杂、质量大、成本高、侧稳性差。适用于狭小的场地作业。

（3）后卸式。前端装料，后端卸料，作业效率高；作业安全性差，应用不广。

（4）侧卸式。前端装料，侧面卸料，适用于地下或场地狭窄的作业场地（见图 4-7）。

图 4-7　侧卸式

3. 按转向方式分类

按转向方式有整体式、铰接式、滑移转向、全轮转向四种。

（1）铰接转向（见图4-8、图4-9）。

图4-8　铰接转向式装载机

图4-9　铰接转向机构

（2）滑移转向（见图4-10）。

（3）全轮转向（见图4-11）。

图4-10　滑移转向式装载机

图4-11　全轮转向式装载机

4. 装载机代表机型

图4-12　龙工855系列（普及型）

图4-13　Xiagong XG953新型（普及型）

图 4-14　斗山中国装载机普及型

图 4-15　斗山装载机（韩国产）

图 4-16　Liugong 50C 普及型

图 4-17　SEM 50F 普及型

图 4-18　SEM SEM952 新型

图 4-19　Liugong CLG856 高级型

图 4-20 斗山 MEGA 500

图 4-21 美国：勒图尔勒

装载机型号的识读

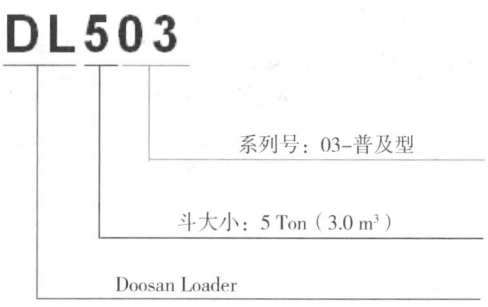

图 4-22 装载机型号的识读

四、陶瓷机械——装载机的基本结构

1. 轮式装载机基本构成

轮式装载机主要由车架、工作装置、动力系统、传动系统、制动系统、液压系统、电子与电控系统、车身系统等部分组成（见图 4-23）。

2. 车架系统

车架总成是安装各总成、部件的基础。装载机车架可分为整体式和铰接式两类。铰接式装载机即采用铰接式车架，它由前车架与后车架两部分组成，两者通过铰销相连，还包括前、后车架附件及副车架总成（见图 4-24）。

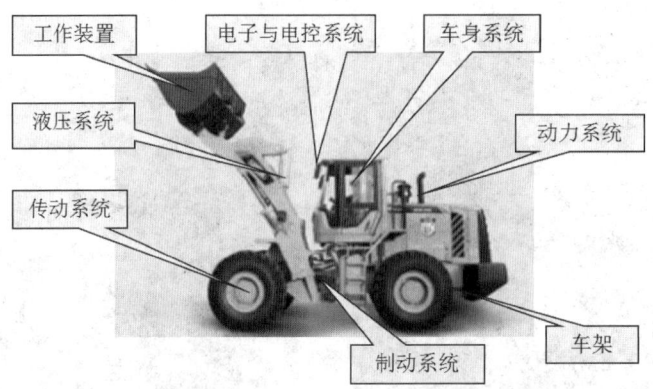

图 4-23　轮式装载机基本构成

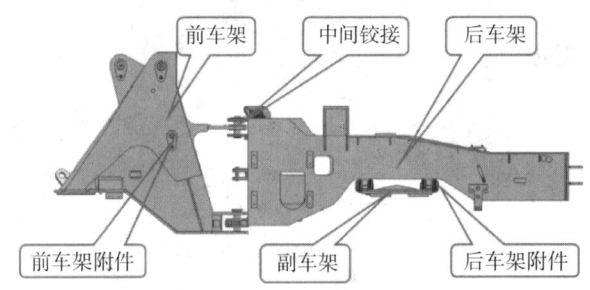

图 4-24　车架总成

3. 工作装置

工作装置由动臂、摇臂、连杆、铲斗等部分组成，是装载机作业的执行机构（见图 4-25）。

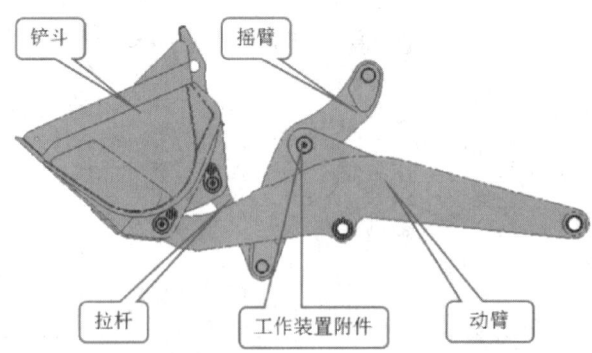

图 4-25　工作装置

4. 动力系统

发动机为装载机的行走、作业等提供动力，保证其正常行驶和工作，动力系统主要由发动机及其散热系统组成。发动机相关资料前面已经做了详细说明，在此不再赘述（见图4-26）。

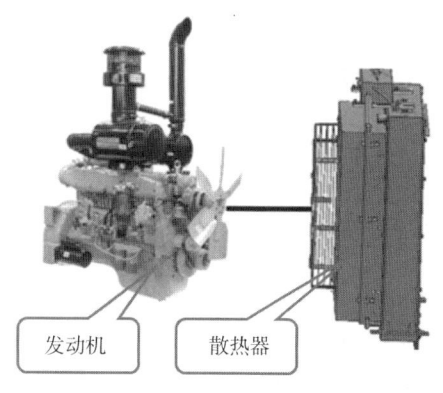

发动机　　散热器

图4-26　动力系统

5. 传动系统

装载机动力装置和驱动轮之间所有的传动部件称为传动系统。其功用是将动力装置的动力传递给驱动轮和其他操纵系统。传动系统主要由液力变矩器、变速箱、传动轴、驱动桥和车轮等部分组成（见图4-27、图4-28）。

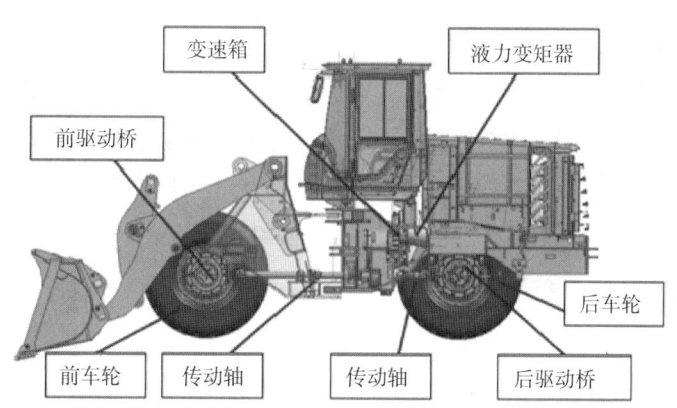

变速箱　　　　　液力变矩器

前驱动桥

后车轮

前车轮　　传动轴　　　传动轴　　后驱动桥

图4-27　传动系统

传动路线：

发动机→液力变矩器→变速箱 ┬→传动轴→后驱动桥→后车轮
　　　　　　　　　　　　　└→传动轴→前驱动桥→前车轮

图4-28　传动路线

6. 液力变矩器

液力变矩器主要由泵轮、涡轮和导轮组成；目前装载机变矩器的形式主要有两种：三元件单级单向变矩器和四元件双涡轮变矩器（见图4-29）。

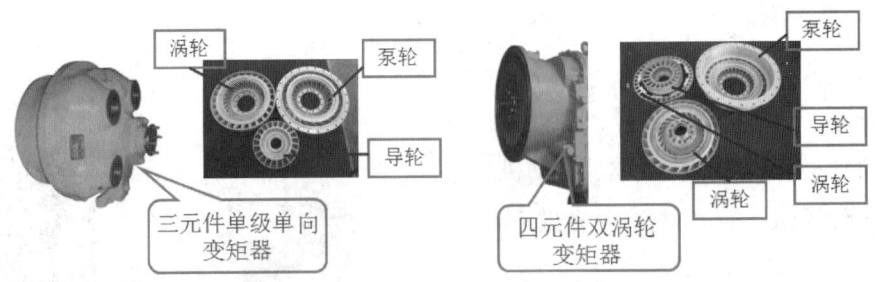

图 4-29 装载机液力变矩器

7. 变速箱式

变速箱按齿轮传动形式分为定轴式（见图 4-30）和行星齿轮式（见图 4-31）两种。

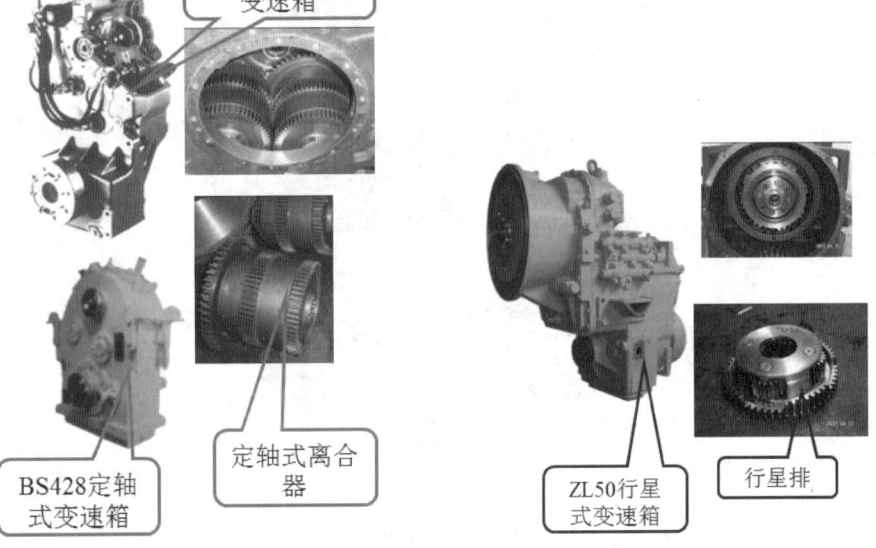

图 4-30 装载机定轴式变速箱　　图 4-31 装载机行星齿轮式变速箱

定轴式：结构简单，齿轮数量少，维修方便，不能实现较高传动比。

行星齿轮式：结构紧凑，空间小，可实现较高的传动比，缺点：维修较为复杂。

8. 驱动桥

驱动桥主要由主传动系统、差速器、半轴、轮边减速器、制动器以及桥壳组成。

目前，装载机桥制动器主要有干式和湿式两种，其各自优点为：

干式：目前普遍采用钳盘式制动器，结构简单，配件广，维修成本低。

干式驱动桥基本结构如图 4-32 所示。

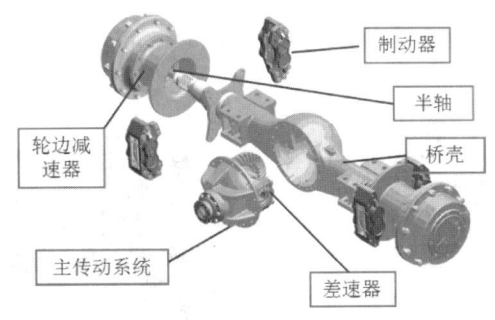

图 4-32　干式驱动桥基本结构

湿式驱动桥基本结构如图 4-33 所示。

湿式：受环境污染影响小，散热性好，制动可靠。

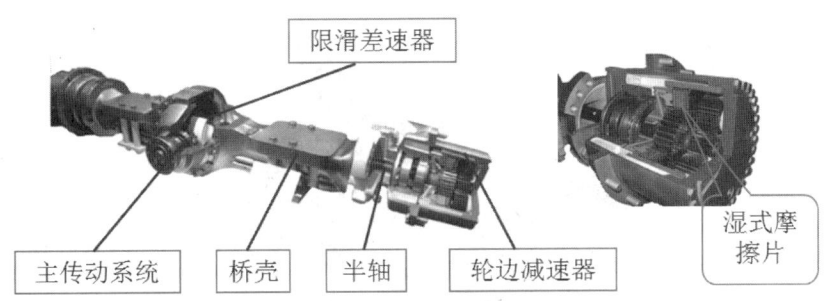

图 4-33　湿式驱动桥基本结构

9. 车轮

车轮（见图 4-34）主要包含轮辋和轮胎两部分，轮胎是装载机的重要弹性缓冲元件，对装载机的使用质量有很大影响。它主要功用是保证车轮和路面具有良好的附着性能，缓和吸收由不平路面引起的振动和冲击。

图 4-34　装载机车轮

五、陶瓷机械——装载机工作装置

1. 组成

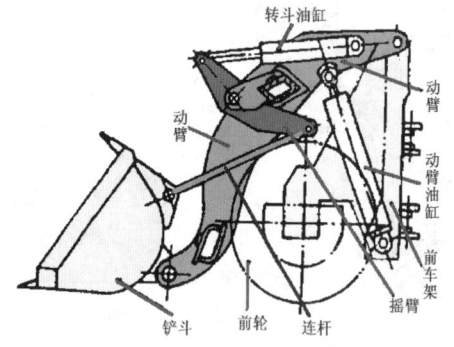

图 4-35　装载机工作装置组成

图 4-36　装载机铲斗

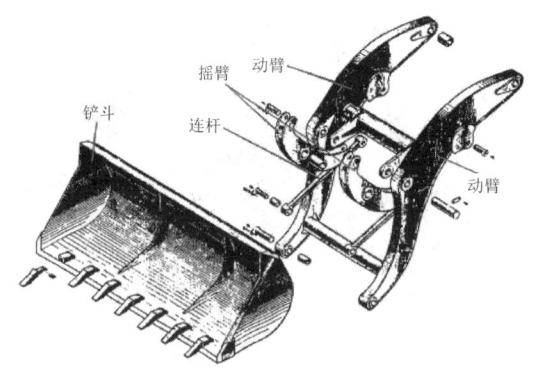

图 4-37　装载机的工作臂

2. 履带式装载机工作装置

图 4-38　履带式装载机

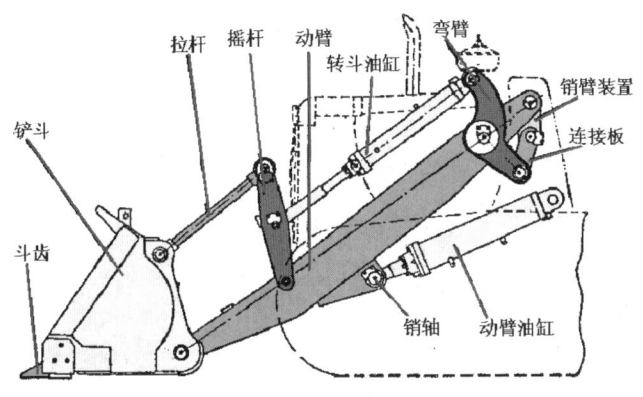

拉杆　摇杆　动臂　弯臂
铲斗　转斗油缸　销臂装置
斗齿　连接板
销轴　动臂油缸

图4-39　履带式装载机工作装置

3. 装载机的转斗机构

轮式装载机工作装置中的转斗机构广泛采用反转六连杆机构（见图4-40）和正转八连杆机构（见图4-41）。我国 ZL 系列轮式装载机的工作装置则多数采用"Z形"反转六连杆机构。

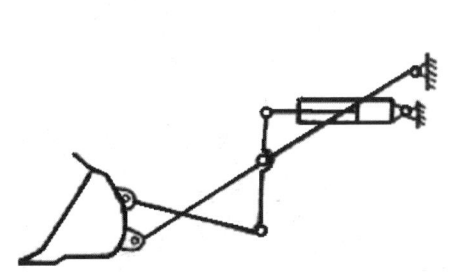

图4-40　反转六连杆机构

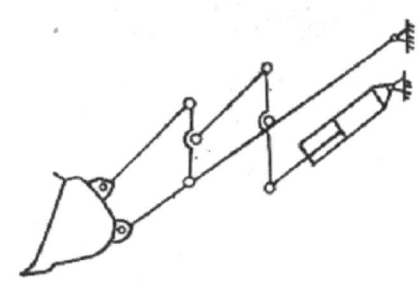

图4-41　正转八连杆机构

4. 反转六连杆机构的性能特点

（1）装载机铲掘转斗时，转斗油缸大腔进油，掘起力大，其掘起力将随斗齿（或铲斗刀刃）离开地面向上转动而逐渐增大，有利于提高装载机的铲掘能力。

（2）当动臂升举至卸料高度时，转斗油缸小腔开始进油为动力，铲斗向前翻转卸料，因铲斗转动角速度较小，由"Z形"杆机构的运动特性保证了铲斗卸料角速度可得到有效控制，故铲斗卸载惯性小，减轻了机构的卸载冲击。

（3）通过"Z形"反转杆机构铰点的优化设计，可实现装载机在动臂升举和运载过程中，铲斗保持接近平移运动，物料不易撒落，提高装载机装卸的作业质量。同时也可实现在任意高度位置上卸载，并使卸载角大于 45°以保证卸净。

5. 装载机的附属工属具

装载机的附属工属具主要有液压钳（见图4-42）、加大铲（见图4-43）、前后侧翻铲（见图4-44）、侧翻铲（见图4-45）、岩石斗（见图4-46）、除雪铲（见图4-47）。

图 4-42　液压钳

图 4-43　加大铲

图 4-44　前后侧翻铲

图 4-45　侧翻铲

图4-46　岩石斗

图4-47　除雪铲

6. 装载机主要参数

装载机的主要参数有装卸高度、收斗角、卸载角、卸载角距离等（见图4-48）。

图4-48　装载机的主要参数

7. 传动系统的组成

变矩器变速箱、传动轴、驱动桥及轮胎（见图4-49）。

驱动桥：

通过桥起到支持车辆重量，并通过桥来传递动力。

前驱动桥：承担车辆重量，传递牵引力。

后驱动桥：承担车辆重量，传递牵引力。

差速装置（见图4-50）：

由于目前广泛使用的对称式轴齿轮差速器，其摩擦力矩很小，可以认为无论左、

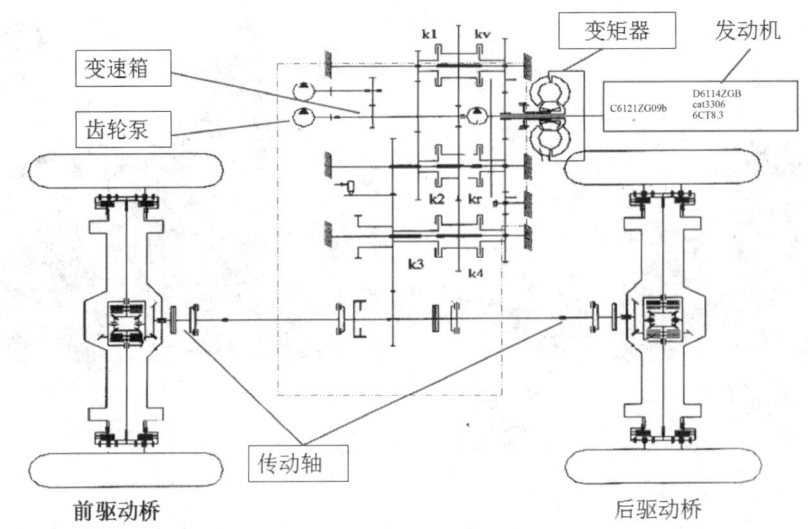

图 4-49　传动系统原理

右驱动轮是否等速，转矩总是平均分配的，这就是普通差速器的"差速不差力"的传力特性。这种特性可以满足装载机在一般路面上行驶和作业，但当装载机在极差的场地运行时，就会严重影响其通过能力。

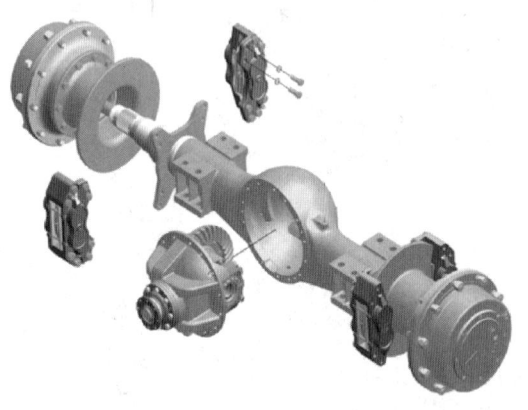

图 4-50　差速装置

图 4-51　制动器

8. 工作装置主要部件（见图 4-52）

（1）装载机工作液压泵。泵是能量的转换机构，将机械能转换为液压能，通过吸取油液产生高压液体，通过管路联结，将高压液体输送到各个执行机构，如油缸、马达等。

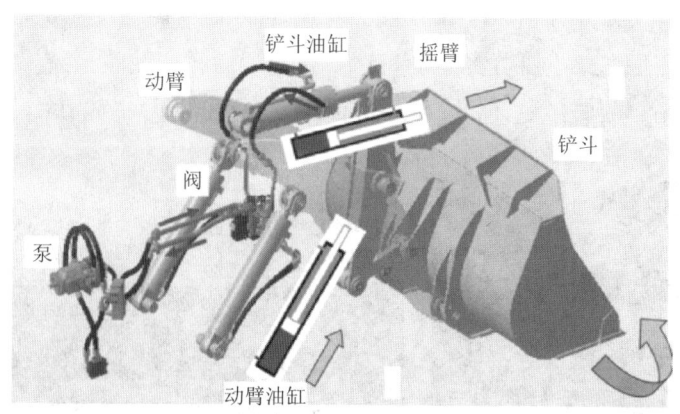

图 4-52 工作装置主要部件

工作油泵是为装载机工作装置提供压力源的机构，为动臂的提升和转斗的反转提供高压液体。

转向油泵是为装载机转向机构提供高压液体的机构，为转向油缸提供高压液体（见图 4-53）。

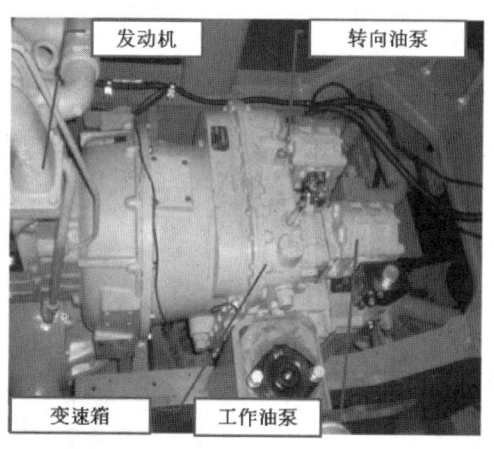

图 4-53 装载机转向油泵和工作油泵

（2）动力切断开关和熄火拉线。装载机在正常行驶或作业时，应把动力切断开关阀的手柄扳到切断位置（开）。

装载机在上下坡时，手柄应搬到不切断位置（关），为防止脚制动突然失灵而发生危险（见图 4-51）。

本机的发动机熄火是通过拉动熄火拉线实现的。在发动机运转时，将熄火拉线拉起，发动机熄火（见图 4-54）。

（3）前车架和后车架。前车架主要负责工作装置、主控制阀、前桥及其附件的安装连接固定，后车架主要负责发动机、变速箱、后桥、散热系统、驾驶室等附件的安装连接固定，前后车架之间通过铰接连接，并绕铰接点实现转向（见图4-55）。

图4-54 熄火拉线

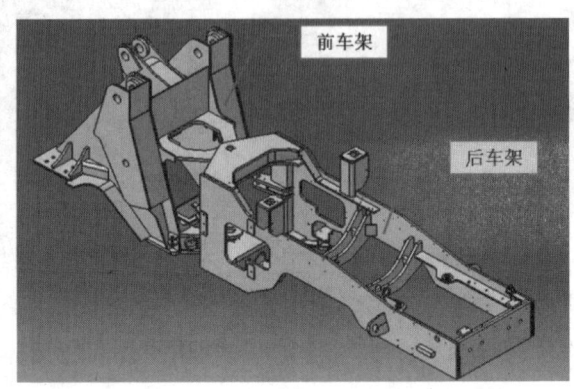

图4-55 前车架和后车架

（4）工作装置的主要构成部件。铲斗、连杆、摇臂、动臂、转斗油缸、动臂油缸（见图4-56）。

9. 电气系统

装载机的电气系统主要由以下五部分组成（见图4-57）：

（1）电源部分包括蓄电池（电瓶）、发电机和调节器等。

（2）启动装置主要包括启动机，其任务是启动柴油机。

（3）照明信号设备主要包括各种照明和信号灯以及喇叭、蜂鸣器等。其任务是保证各种运行条件下的人车安全和作业的顺利进行。

图4-56 装载机的工作装置

（4）仪表监测设备包括各种油压表、油压感应塞、水温表、水温感应塞、电流表、气压表、气压感应塞以及低压报警装置等。

（5）辅助设备包括电动刮水器、暖风机以及空调等。

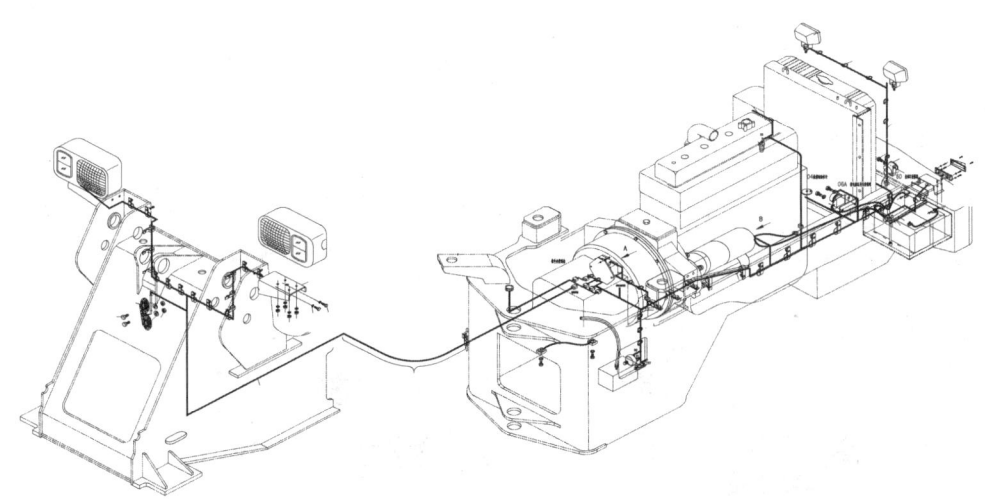

图 4-57　装载机的电气系统

10. 制动系统（见图 4-58）

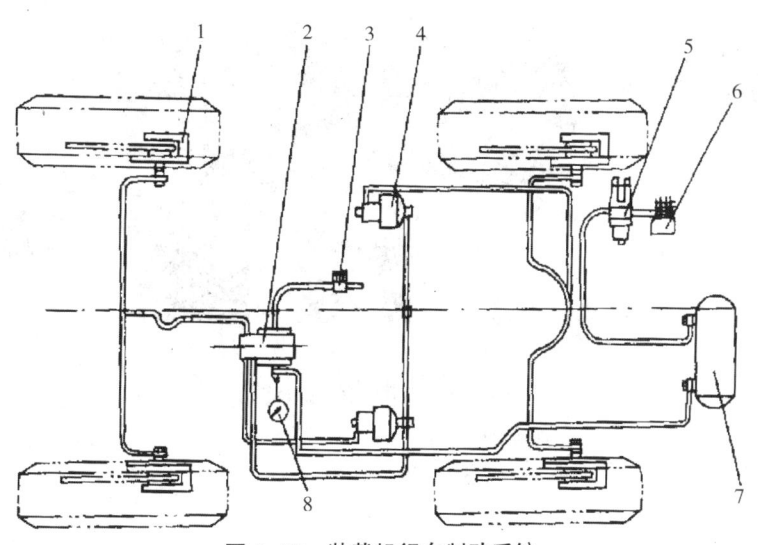

图 4-58　装载机行车制动系统

1—制动器；2—制动阀；3—选择阀；4—加力泵；5—油水分离器组合阀；

6—空压机；7—储气罐；8—气压表

第二节　装载机在陶瓷工程中的基本操作

一、装载机仪表台、操纵机构的认识

1. 装载机的基本结构（见图4-59）

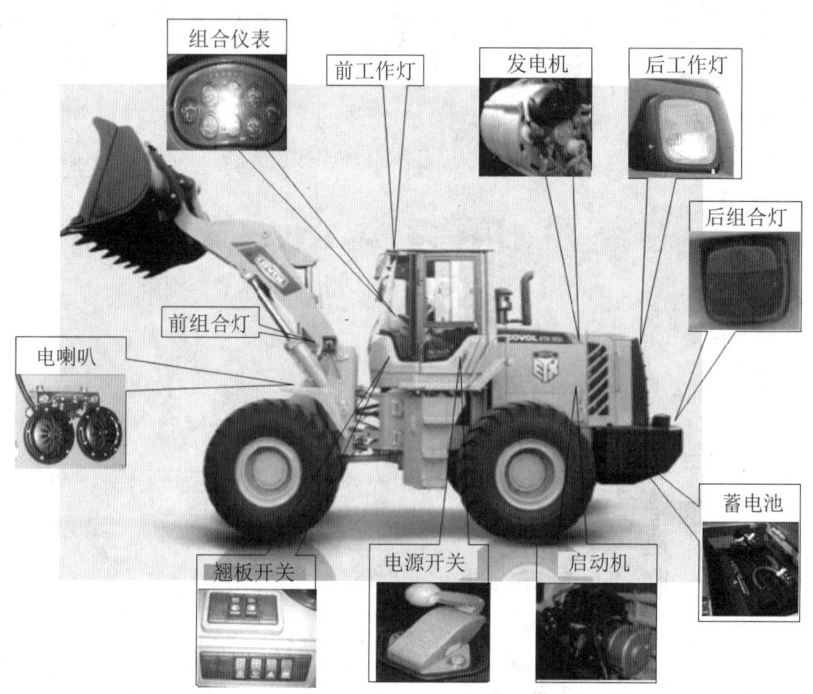

图4-59　装载机的基本结构

2. 整机的各种仪表识读（见图4-60）

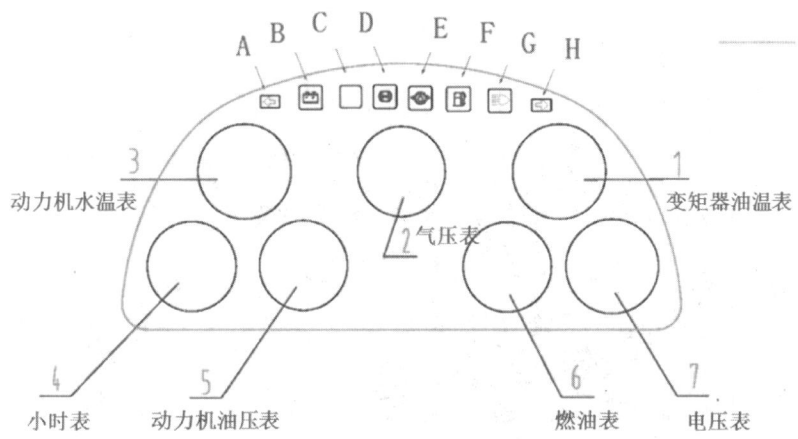

图 4-60　整机的各种仪表识读

A—左转向灯；B—蓄电池指示灯；C—驻车制动指示灯；D—低气压报警灯；E—变速箱油压报警灯；

F—燃油警示灯；G—远光灯指示灯；H—右转向灯

3. 驾驶室内各操纵杆的识别与运用（见图 4-61、图 4-62）

图 4-61　整体仪表台开关布置图

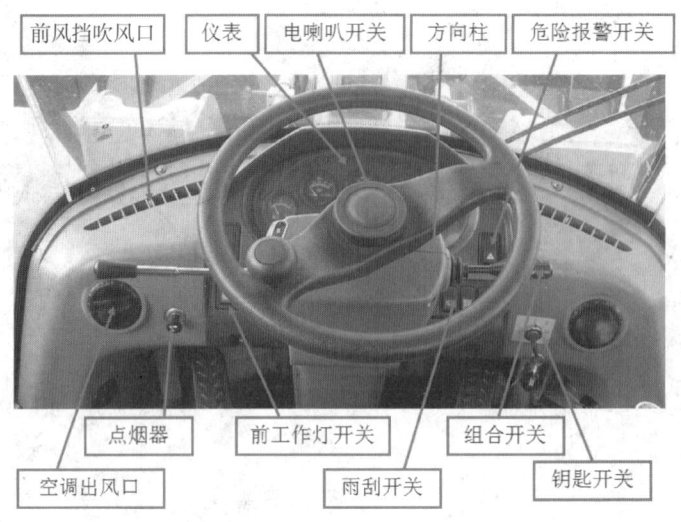

图 4-62　驾驶室内各操纵杆的识别

4. 装载机仪表盘介绍（见图 4-63）

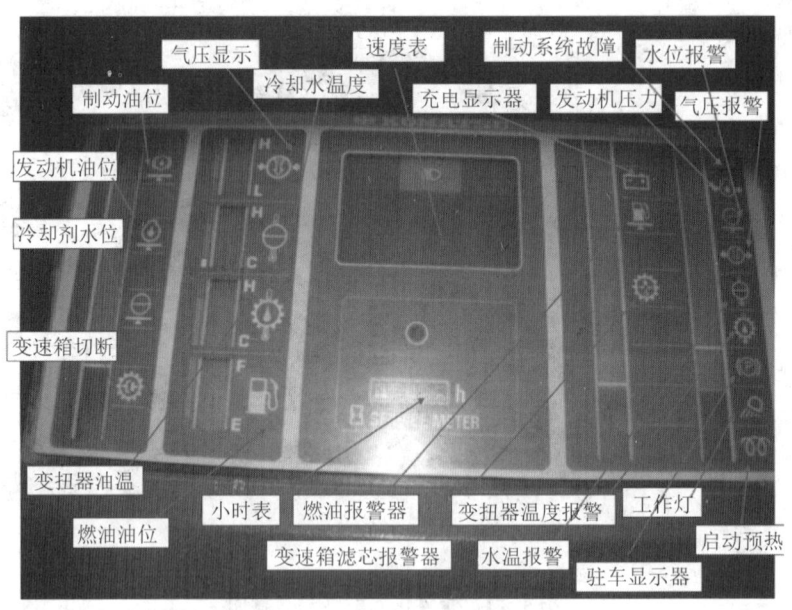

图 4-63　装载机仪表盘

二、装载机的启动、预热和停车

柴油机的启动和预热

1. 启动前的准备

柴油机每次启动前应进行如下项目检查，以尽早排除故障隐患，避免事故发生。

检查柴油机各部分是否正常，包括外观、管路、连接部分等。

检查电动启动系统电路接线是否正确，蓄电池的电力是否充足，型号为 6-Q-195，标定电压为 12V，容量为 195Ah。

必须检查机油位、柴油位、冷却液位。不足的应按照要求和规定加至规定平面。油路和水路开关应在打开状态。

柴油机必须空载启动。因为正常启动时受四个因素的影响：

（1）蓄电池的型号与实际电量。

（2）环境温度。它影响蓄电池的放电率和柴油机启动阻力矩。

（3）启动阻力矩。它包括内摩擦阻力矩、初始压缩阻力矩和使发动机从静止状态加速到启动转速所需克服的惯性力矩。

（4）启动马达的标定功率。它是用来克服启动阻力矩使柴油机启动的动力装置，能量完全来自蓄电池。所以柴油机带负载启动时增加了启动阻力矩，导致启动马达超负荷工作，这是不允许的。

2. 柴油机的启动

（1）常规启动。脱开柴油机与负载连动装置或将变速箱挡位置于空挡位置。

将停机电磁铁，电器开关和机械操纵装置处于准备位置。

打开电钥匙（START 位置），按下启动按钮，使柴油机启动。

注意：

全程式，油门略高于怠速位置 700r/min。

两极式，油门到底并在齿圈和啮合前松开。

30s/次，连续两次启动间隔 2 分钟，保证线圈的足够冷却。因为柴油机启动时电流很大，而启动电机线圈发出的热量与启动电流的平方成正比，所以每次启动时间不能过长，否则线圈会因发热而烧坏。

油压在启动后 15 秒内显示读数。油压大于 0.1MPa。

在 700~1000r/min 怠速运转 3~5 分钟后方可逐步加速加负荷运转。

严禁启动后立即加速加载运转，也不允许长时间怠速或低负荷运行。

（2）低温启动措施。将柴油机的机油和冷却液预热至40~60℃左右。

在进气管内安置预热进气装置。

选用的柴油、机油牌号要对，冷却液要用防冻液。

提高车库的环境温度。

对蓄电池采取保温措施或采用加大容量的或特殊的低温蓄电池。

注意：

在冷却液低于60℃或高于100℃的情况下连续运转，将有损于柴油机。

若冷却水温度过高，应降低柴油机转速或者换低一挡或二者同时进行，直到温度恢复到正常工作范围。

另外要防止柴油机超速，当车辆坡度下行时，须利用变速箱和制动器来控制车辆速度和柴油机转速。

3. 柴油机的预热

每次启动后必须进行暖机，怠速空载不宜超过10分钟，后逐步加速加负荷。待冷却液温度高于55℃、机油温度高于45℃、机油压力小于0.7MPa时，才能允许进入全负荷运转。

暖机的目的：在缸套等运动副表面上建立油膜，使活塞膨胀与缸套配合，在车辆起步前使冷却液升温，使整机温升均匀，润滑增压器轴承等。

长时间停车或更换机油后的启动：

每当更换机油后或停车时间大于30天启动柴油机时，必须先使润滑系统充满机油；

关闭油门或卸下停车电磁铁连接导线（有电磁铁），以防止柴油机点火启动；

用启动电机转动曲轴直到油压表指示出压力；

打开油门或连接好停车电磁铁导线，然后按正常的操作启动；

新的或大修后的柴油机启动：

新的或大修后的柴油机须经一定时间的磨合后方可投入全负荷使用。工程机械用柴油机在第一个60小时的使用时间内，转速应控制在标定转速的80%范围内，功率控制在75%的范围内进行磨合运行。怠速时间不得超过5分钟。

4. 柴油机的停车

（1）正常停车。所谓正常停车就是在停车前，柴油机应逐渐降低转速和负荷，并怠速运转 3~5 分钟，再把停车手柄推到停止供油位置。这样可减少和稳定发动机内部冷却液和机油的温度，防止柴油机热负荷大的零部件因突然停车导致温度速降而咬合、拉伤和开裂。

（2）紧急停车。就是在紧急情况下直接把停车手柄推到停止供油位置。一般采取紧急停车的情况有：柴油机的断水断油，车辆工作或行驶中发生的意外情况。

一般情况下不得对发动机进行紧急停车。因为紧急停车后，润滑系统的动力源机油泵和冷却系统的动力源水泵这两个部件停止工作，也就是机油和冷却液得不到循环。而当柴油机紧急停车后，柴油机中曲轴轴颈、气缸部件和增压器等温度是很高的，它们因热量得不到有效散发，易造成抱死等不良后果。比如说紧急停车后的水箱或膨胀水箱翻水，紧接着启动时柴油机启动不出等现象就是很典型的例子。

所以，紧急停车对发动机产生很大危害，如造成柴油机局部温度升高，零部件的运动表面易产生拉痕、拉伤等。

三、装载机在陶瓷工程操作过程中的注意事项

1. 不能超载

柴油机不能超载，超转速运转；不能使用不符合规定的柴油、机油、冷却液。

（1）非正规的柴油、机油、冷却液会严重损坏柴油机。

（2）柴油机不能超负荷、超速运转，否则会造成柴油机受损，减少柴油机的使用寿命。当然，整机中的其他部件如变速箱、离合器、底盘等也将受损。

2. 柴油机不允许长时间高速运转

长时间高速运转易引起前后油封漏油，甚至导致供油不稳，局部润滑不足。

3. 不能超负荷运行

柴油机在最初使用的 80~100 小时（磨合期）内，应不超过 80% 负荷运行。柴油机若不能充分磨合，在日后的使用中，柴油机动力、经济性都会降低。

4. 安全标志位置（见图4-64）

图4-64　安全标志位置

1—动臂安全警告；2—转向安全警告；3—油箱标识；4—操作安全标识；5—吊钩；

6—维修操作安全标识；7—倒车安全标识

5. 安全标志（见图4-65）

- 不能在工作装置下面行走
  位于动臂（铲斗）两侧

- 请勿靠近
  位于前后车驾铰接处

- 油箱标识
  整车运输状态，左侧是液压
  油箱，右侧是燃油箱

- 请阅读说明书并用正确的方法
  操作，位于驾驶室侧门

- 吊钩
  位于前后车架起吊处

- 发动机运转时不要靠近
  风扇，位于机罩两侧

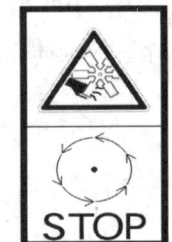

- 不要靠近机器
  位于平衡重两侧

图4-65　安全标志

6. 安全使用注意事项

（1）一般安全注意事项。

1）驾驶员及有关人员在使用装载机之前，必须认真仔细地阅读制造企业随机提供的使用维护说明书或操作维护保养手册，按资料规定的事项去做。否则会带来严重后果和不必要的损失。

2）驾驶员穿戴应符合安全要求，要穿戴必要的防护设施。

3）作业区域范围较小或在危险区域，则必须在其范围内或危险点放置警告标志。

4）绝对严禁驾驶员酒后或过度疲劳驾驶作业。

5）在中心铰接区内进行维修或检查作业时，要装上"防转动杆"以防止前、后车架相对转动。

6）要在装载机停稳之后，在有蹬梯扶手的地方上下装载机。切勿在装载机作业或行走时爬上跳下。

7）维修装载机需要举臂时，必须把举起的动臂垫牢，保证在任何维修情况下，动臂绝对不会落下。

（2）发动机启动前的安全注意事项。

1）检查并确保所有灯具的照明及各显示灯能正常显示。特别要检查转向灯及制动显示灯的正常显示。

2）检查并确保在启动发动机时，不得有人在车底下或靠近装载机的地方工作，以确保出现意外时不会危及自己或他人的安全。

3）启动前装载机的变速操纵手柄应扳到空挡位置。

4）不带紧急制动的制动系统，应将手制动手柄板到停车位置。

5）只能在空气流通好的场所启动或运转发动机。如在室内运转时，要把发动机的排气口接到或朝向室外。

（3）发动机启动后及作业时安全注意事项。

1）发动机启动后，等制动气压达到安全气压时再准备起步，以确保行车时的制动安全性。并在释放紧急制动或停车制动下，才能挂挡起步（有紧急制动装置的只有当气压达到允许起步气压时，按钮才能按下，否则按下去会自动跳起来）。

2）清除装载机在行走道路上的障碍物，特别要注意铁块及凹坑原地打滑以免割破轮胎。

3）将后视镜调整好，使驾驶员入座后能有最好的视野效果。

4）确保装载机的喇叭、后退信号灯以及所有的保险装置能正常工作。

5）在即将起步或在检查转向左右灵活到位时，应先按喇叭，以警告周围人员注意安全。

6）在起步行走前，应对所有的操纵手柄、踏板、方向盘先试一次，确定已处于正常状态才能开始进行作业。

7）行进时，将铲斗置于离地 400mm 左右的高度。

8）作业时尽量避免轮胎过分打滑而降低轮胎的使用寿命；尽量避免两轮悬空，不允许只有两轮着地而继续作业（单桥受力过大）。

9）作牵引车时，只允许与牵引装置挂接，被牵引物与装载机之间不允许站人，且要保持一定的安全距离，防止出现安全事故。

（4）停机时的安全注意事项。

1）装载机应停放在平地上，并将铲斗平放地面。当发动机熄火后，需反复多次扳动工作装置操纵手柄，确保各液压缸处于无压休息状态。当装载机只能停在坡道上时，要将轮胎垫牢。

2）将各种手柄置于空挡或中间位置。

3）先取走电锁钥匙，然后关闭电源总开关，最后关闭门窗。

4）不准停在有明火或高温地区，以防轮胎受热爆炸，引起事故。

5）利用组合阀或储气罐对轮胎进行充气时，人不得站在轮胎的正面，以防爆炸伤人。

四、装载机在陶瓷工程中驾驶安全操作规程

装载机安全操作

1. 设备检查

（1）穿戴好劳保用品。

（2）检查燃油油位（见图 4-66）。

（3）检查发动机机油油位（见图 4-67）。

（4）检查冷却液液位（见图 4-68）。

（5）检查变速箱油位。

（6）检查液压油油位。

图 4-66 检查燃油油位

图 4-67 检查发动机机油油位

（7）排除燃油预滤器及油水分离器中水和杂质。

（8）检查发动机风扇和驱动皮带。

（9）检查轮胎气压及损坏情况。

2. 安全注意事项

（1）进入驾驶室注意事项：在上下车时保持人体三点（两手一脚或两脚一手）与车子接触，保证所有窗子、

图 4-68 检查冷却液液位

灯罩、倒车镜要干净，固定好打开或关闭的门窗；调整后视镜的位置，保证操作人员在座椅上有最好的视野（见图4-69）。

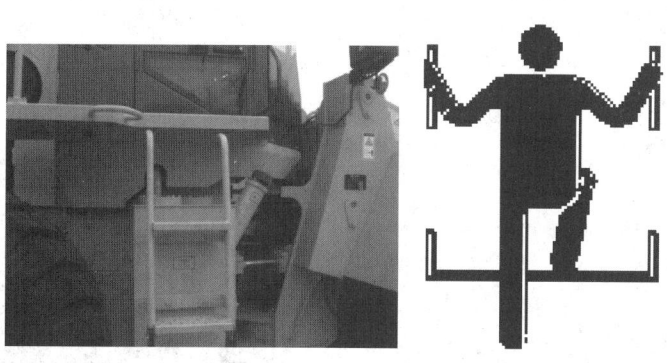

图 4-69 上下车时保持人体三点

（2）坐下并系好安全带，调整座椅、扶手及方向盘到合适的位置；机器上和机器周围不得有人，确保换挡手柄在空挡位置（见图4-70）。

（3）检查喇叭、后退报警器及其他报警器能否正常工作（见图4-71）。

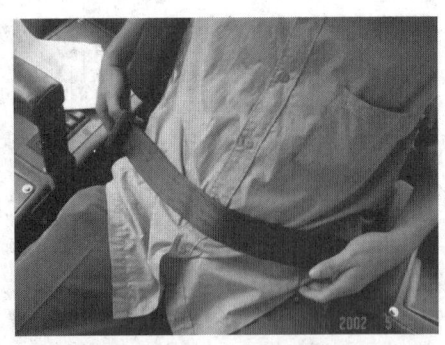
图 4-70　系好安全带

图 4-71　检查喇叭

（4）检查照明、警示灯等是否正常。

3. 设备运行注意事项

启动发动机：若是冷机启动应对发动机进行预热，鸣喇叭以示警告，启动发动机，怠速运行 5 分钟，进行整车操作。

注意：

如果发动机启动失败，必须把启动开关转到"OFF"位置才可以再次启动，否则会损坏启动开关。

每次启动的时间不得超过 15 秒，两次启动之间至少要间隔 30 秒，并且连续启动次数不能超过 3 次。超过 3 次后，应等启动马达和熄火电磁铁充分冷却后方可继续启动，否则会缩短蓄电池的使用寿命，同时也可能会损坏启动马达和熄火电磁铁。

4. 启动发动机后的注意事项

（1）机油压力报警灯、蓄电池充电报警灯是否熄灭，否则须立即停机检查（见图 4-72、图 4-73、图 4-74）。

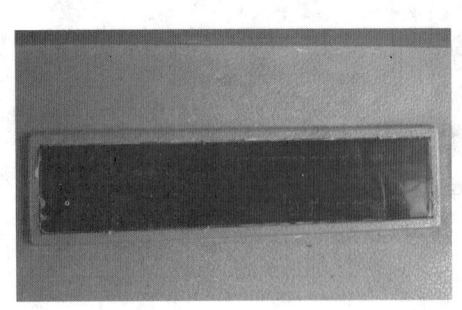
图 4-72　报警灯仪表总成

图 4-73　机油压力报警灯

（2）充电电压是否正常。

⊟电压表——指示整机的电源电压状态。正常的电源电压约为 26V。当电压低于 21V 或高于 30V 时应对发电机进行检查（见图 4-75）。

图 4-74　蓄电池充电报警灯

图 4-75　电压指示表

5. 车辆起步的注意事项

（1）制动气压达到 0.4MPa 以上方可起步（见图 4-76）。

（2）发动机水温、油温达到 50℃ 设备才能进入大负荷工作状态（见图 4-77）。

图 4-76　制动气压表

图 4-77　发动机水温、油温表

6. 车辆运行中的注意事项

（1）发动机水温表、油温表——指示发动机冷却水、机油的温度。正常工作范围应在 65~100℃；当水温、油温高于 100℃ 时应停止作业，发动机低速运转待水温下降后方可继续作业。

（2）变速油压表——指示变速箱的变速油压。正常工作范围应在 1.1~1.8Mpa；

当油压低于 1.1MPa 时会出现驱动力不足现象（见图 4-78）。

（3）变矩器油温表——指示变矩器的工作油温度。正常工作范围应在 55～127℃；当油温高于 127℃时应停止作业（见图 4-79）。

图 4-78　变速油压表

图 4-79　变矩器油温表

只有经过相关部门培训且获得培训结业证的人员方可驾驶装载机（见图 4-80）。

图 4-80　获得培训结业证的人员方可驾驶装载机

事故案例：

2004 年 2 月 22 日，四川省××公司技术员周××无证驾驶装载机在下坡时由于操作不当翻下 148 米深的山谷（见图 4-81）。

严禁酒后驾车。决不可在身体不佳的情况下操作车辆（见图 4-82）。

发车前应认真检查车辆的状况（见图 4-83）。

肇事装载机坠入148米深谷处

图 4-81　无证驾驶装载机翻下山谷

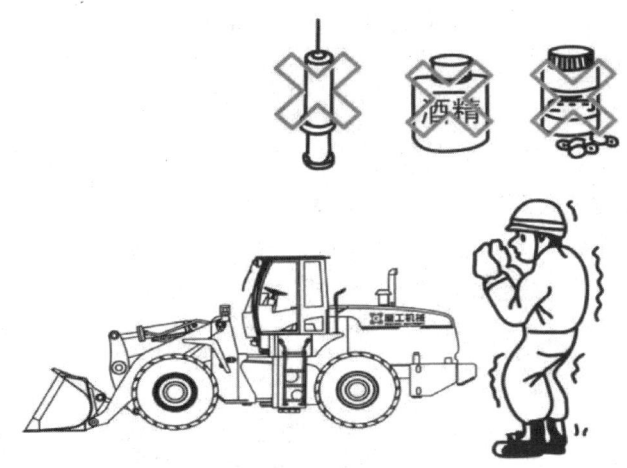

图 4-82　严禁酒后驾车

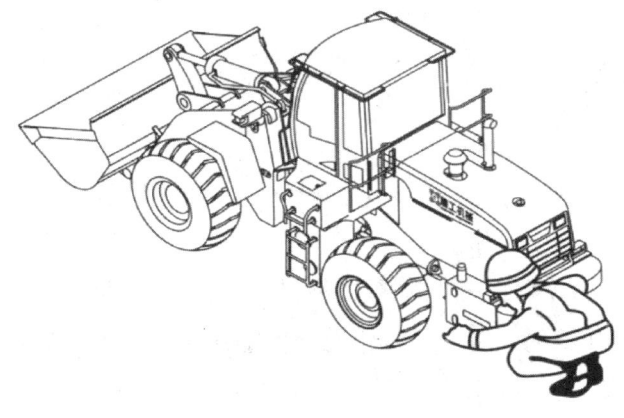

图 4-83　发车前检查车辆状况

加油时严禁吸烟（见图4-84）。

图4-84　加油时严禁吸烟

开动车辆前应先鸣喇叭，发出信号（见图4-85）。

图4-85　先鸣喇叭

上车或下车时要面对机子，手拉扶手，脚踩阶梯，绝不可跳上或跳下机子（见图4-86）。

开车时不可将脚放在作业装置上，或将身体伸出车辆之外（见图4-87）。

操作时不可分心，四处张望，心不在焉（见图4-88）。

严禁用铲斗载人。驾驶室外侧不可搭乘人员（见图4-89）。

在通过铁道口时要在确定安全的情况下迅速通过，不要停留，在通过道路路口时要减速慢行（见图4-90）。

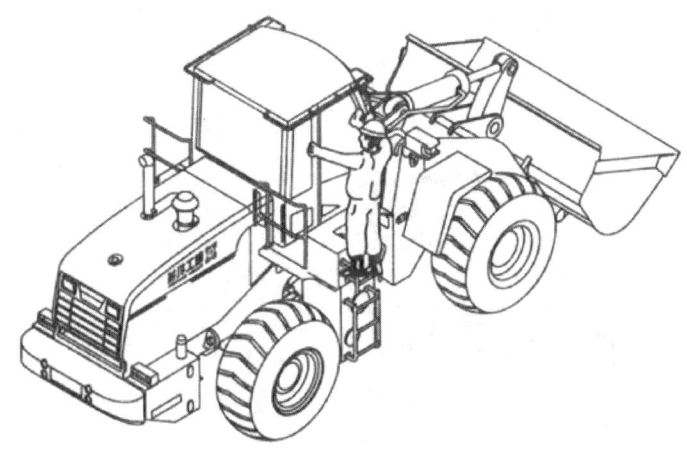

图 4-86　手拉扶手上下车

图 4-87　不可将身体伸出车辆之外

图 4-88　不可分心

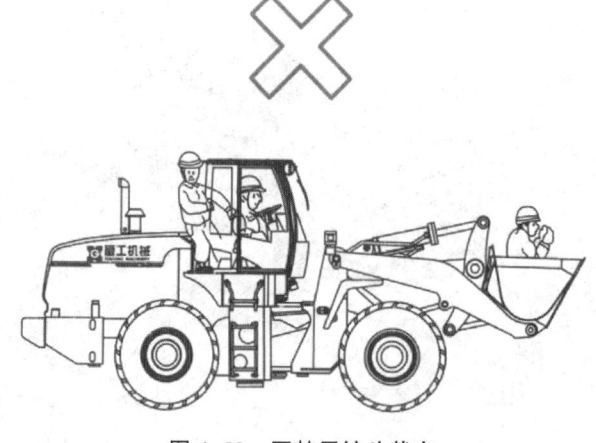

图 4-89　严禁用铲斗载人

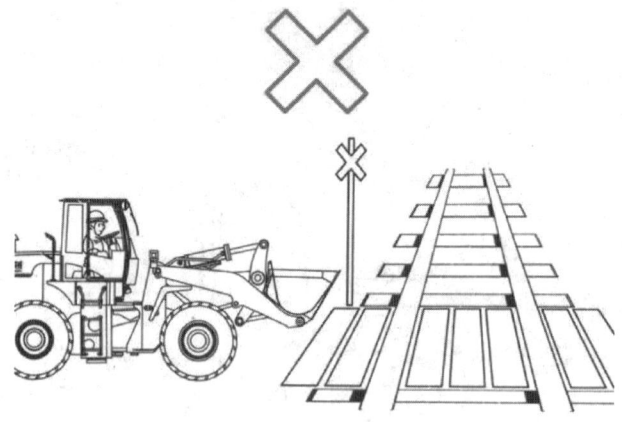

图 4-90　通过铁道口时要确定安全

事故案例：

2011 年 3 月 10 日，广西壮族自治区柳州市××公司装载机路过一路口时与骑电动自行车的夫妻俩相撞，造成夫妻俩受重伤（见图 4-91）。

图 4-91　装载机事故案例

不要高举装满物料的铲斗运输，这样很危险，容易翻车。一般铲斗最低点要距离地面高度 400~500mm 运行（见图 4-92）。

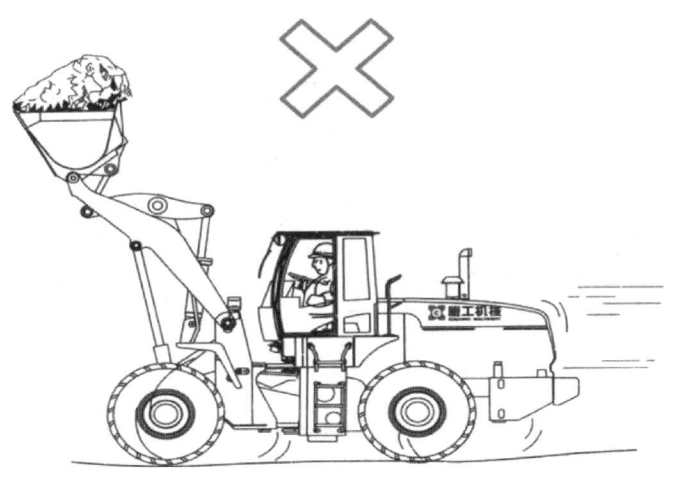

图 4-92　不要高举装满物料的铲斗运输

事故案例（见图 4-93）：

图 4-93　高举铲斗装满物料进行倒车发生翻车事故

动臂高举时臂下严禁站人（见图 4-94）。

运输时应避免急行车、急刹车和急转弯（见图 4-95）。

在崎岖、光滑路面或山坡上行驶时，避免高速行车，不要急转弯和急刹车（见图 4-96）。

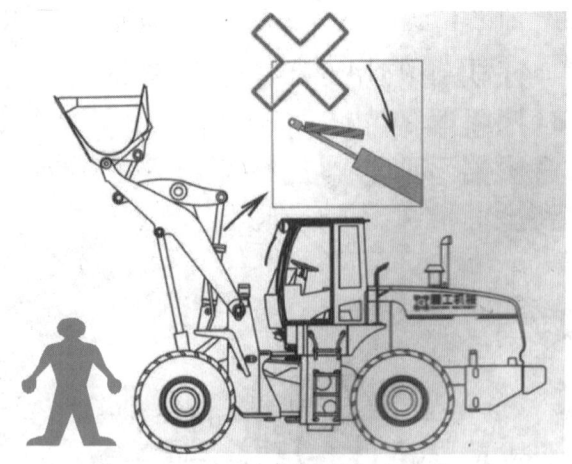

图 4-94　动臂高举时臂下严禁站人

图 4-95　避免急行车、急刹车和急转弯

图 4-96　避免高速行车

事故案例（见图4-97）：

图4-97　湖北省××石料厂发生车辆撞石壁的事故

路面上有撒落物时，有时会发生方向盘控制困难，因此通行时必须降低速度（见图4-98）。

图4-98　路面上有撒落物时要降低速度行驶

在前方视线不佳时，要降低行车速度，必要时要鸣喇叭告知其他车辆或行人（见图4-99）。

在夜间行车或夜间作业时，务必打开适合于照明的灯光进行行车（见图4-100）。

路面状况不良时，应当谨慎操作，避免发生失稳现象（见图4-101）。

图 4-99　视线不佳时要降低行车速度

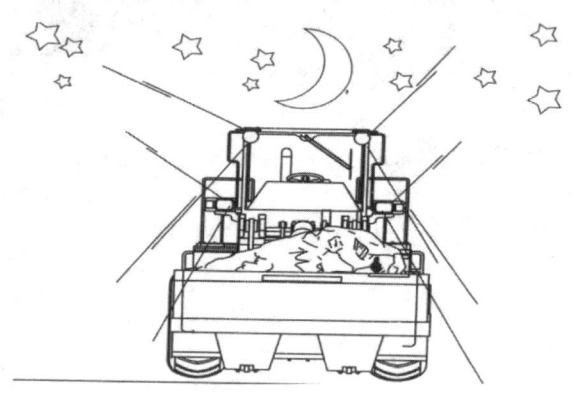

图 4-100　夜间行车时要打开照明灯

图 4-101　路面状况不良时要谨慎操作

事故案例：

2011 年 9 月 16 日，河北省承德市××公司一装载机在工地上作业时因重心不稳而发生侧翻事故（见图 4-102）。

图 4-102　侧翻事故

当工作地点有落石或车辆有倾翻的危险时，驾驶人员要注意观察，做到安全作业（见图 4-103）。

图 4-103　车辆有倾翻的危险时要注意观察

在潮湿或松软的地方作业时，要注意车轮的陷落或车辆的滑移（见图 4-104）。

图 4-104　在松软的地方作业时要注意车轮陷落

事故案例：

广东省××公司一装载机在湿滑泥泞的地面上作业时车辆不慎滑移掉落山底（见图4-105）。

图 4-105　滑移掉落山底

在下坡前先选择合适的挡位，切勿在下坡过程中换挡（见图4-106）。

图 4-106　切勿在下坡过程中换挡

当车辆在坡地上行驶时，发动机突然熄火应立即采取脚手制动并用、将铲斗降到地面上的措施，然后下车将物料顶在轮胎可能下滑的方向（见图4-107）。

装载物体时不可超过其承受的装载能力，如951、953、955、956额定载重5吨，如因长期超载而引发设备损坏可不予承担责任（见图4-108）。

图 4-107　车辆在坡地上行驶方法

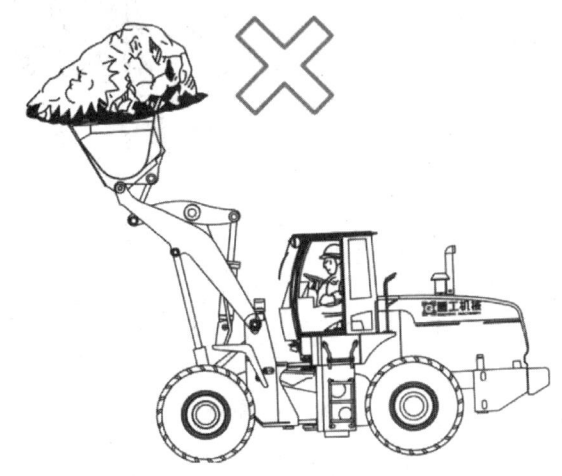

图 4-108　不可超过其承受的装载能力

作业时不得高速冲入物料堆，否则易引起机器损坏（见图 4-109）。

图 4-109　不得高速冲入物料堆

车辆在装卸物料时要保持垂直角度，如果从倾斜方向勉强作业不但力气削减，还会使车辆失去平衡而不安全（见图4-110）。

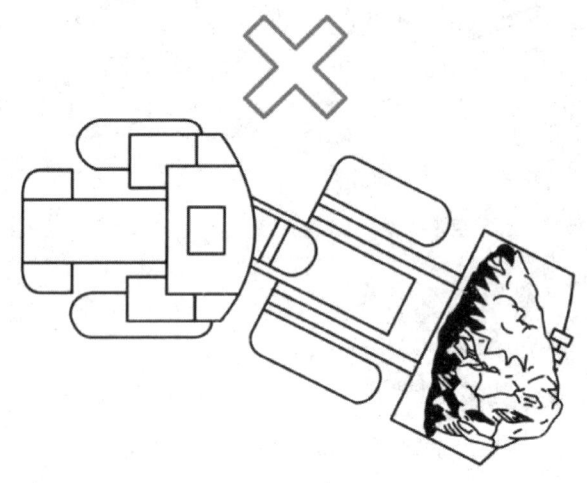

图 4-110　装卸物料时要保持垂直角度

当进行装卸时，应注意防止铲斗撞击车辆，也不得将铲斗放置于车辆驾驶室上方（见图4-111）。

图 4-111　注意防止铲斗撞击车辆

倒车时应仔细观察车辆的后方是否有危险（见图4-112）。

图 4-112 观察车辆的后方是否有危险

事故案例：

湖北省宜宾市××公司刘××在山坡上作业，倒车时由于未看清后方情况致使车辆翻下山底，造成车毁人亡的事故（见图 4-113）。

图 4-113 未看清后方情况致使车辆翻下山底

在夜间或能见度低的情况下，作业场所必须安装照明设备（见图 4-114）。

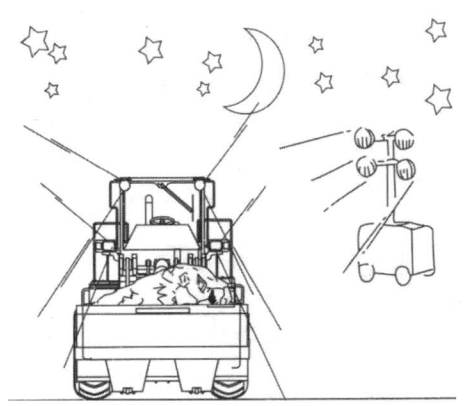

图 4-114 作业场所必须安装照明设备

在通过桥梁或其他路面时，应仔细观察确保其有足够的强度可承受车辆通过（见图 4-115）。

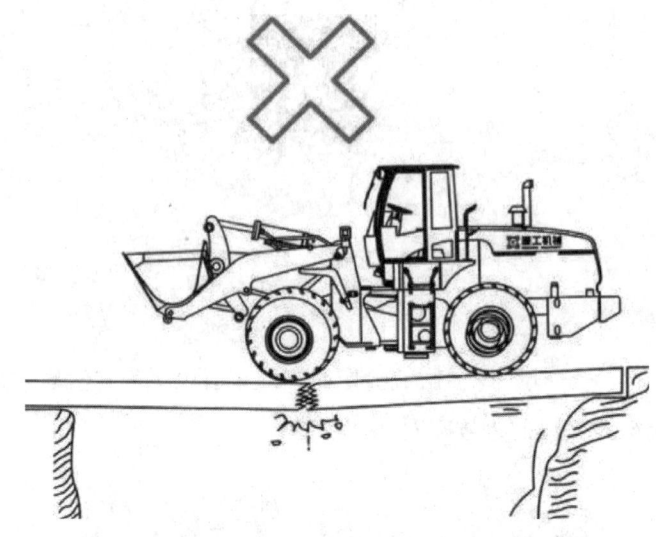

图 4-115 仔细观察确保桥梁有足够的强度

在危险场地作业时，应派监视员现场指挥（见图 4-116）。

图 4-116 监视员现场指挥

不能让车辆触到架空的电缆，即使是靠近高压电缆也能引起电击（见图 4-117）。

热机时不要检查水箱，油箱不要触碰消音器、排气尾管，以免烫伤（见图 4-118）。

开动发动机进行检查保养是非常危险的，原则上是不允许的（见图 4-119）。

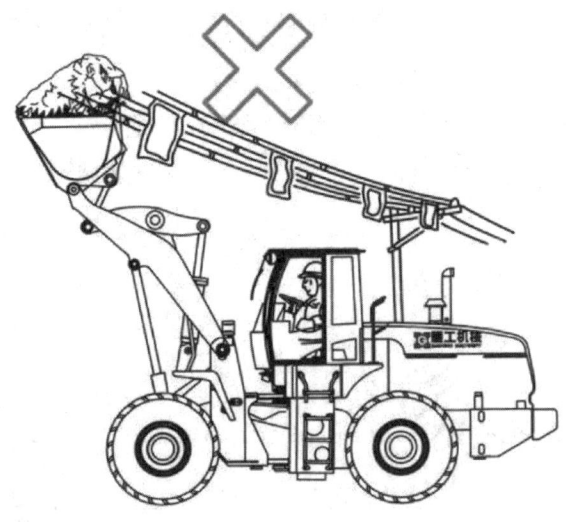

图 4-117　注意架空的电缆

图 4-118　热机时不要检查水箱

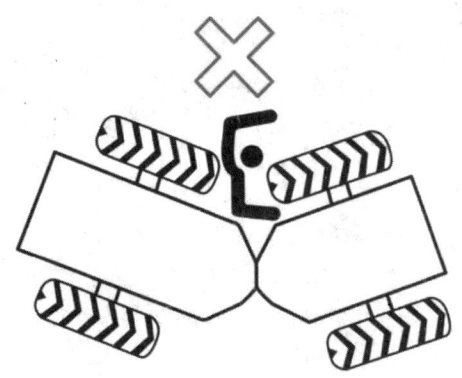

图 4-119　不允许开动发动机进行检查保养

电焊作业时要穿好保护服，要在通风良好的场地作业，焊接时要消除焊接地方的油漆，以防止有害气体产生和发生火灾（见图4-120）。

电焊时要断开蓄电池端子以防止蓄电池爆炸，如有带电脑控制盒的电液操纵换挡系统的应切断电路与电脑盒的连接，拔下 EST 电控盒插头（见图4-121）。

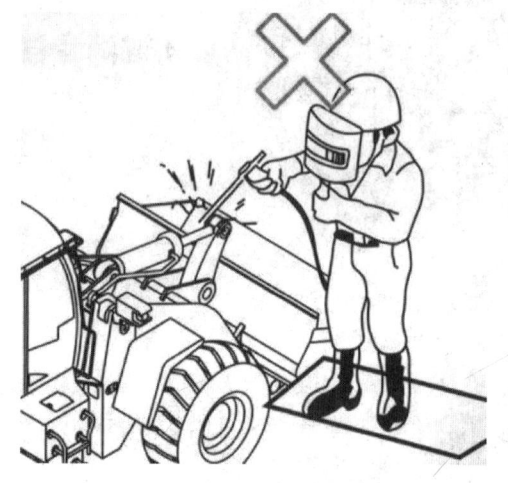 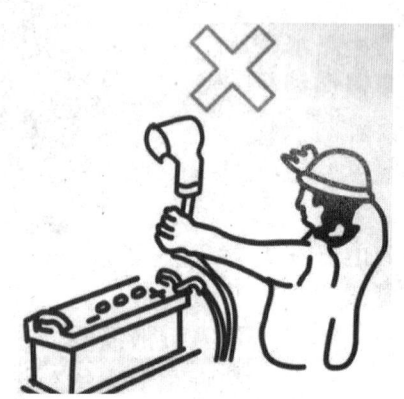

图 4-120　电焊作业要穿好保护服　　　　图 4-121　电焊时要断开蓄电池

作业场所内不准闲人入内（见图4-122）。

图 4-122　作业场所内不准闲人入内

第三节　装载机在陶瓷工程中的维护与保养

一、装载机油品的选择

1. 油品的基本知识

（1）柴油。

表4-1　柴油的两大指标

序号	指标	含义
1	十六烷值	表示其燃烧性能
2	凝点	表示低温流动性

表4-2　选用柴油的原则

柴油牌号	使用的环境温度
10	适用于预热设备的柴油机
5	8℃以上的地区使用
0	4℃以上的地区使用
−10	−5℃以上的地区使用
−20	−14℃以上的地区使用
−35	−29℃以上的地区使用
−50	−44℃以上的地区使用

（2）机油的牌号。

目前发动机机油用CF-4等级机油。

正常气候用SAE15W-40，其中：

SAE——"美国汽车工程师协会"

15——低温流动性（数值越小，低温流动越好）

W——冬季

40——耐高温性能（数值越大，高温下保护性能越好）

（3）液力传动油　　　　　6号、8号

（4）齿轮油　　　　　　　（GL-5）85W/90

（5）制动液　　　　　　　HZY3/DOT3（JG3合成制动液）

（6）液压油　　　　　　　L-HM46号液压油、N68号液压油

（7）润滑脂　　　　　　　锂基润滑脂

2. 装载机油品的选择及使用部位

表4-3　装载机油品的选择及使用部位

种类		牌号		使用部位
		夏季	冬季	
柴油（轻柴油）	北方	10号或0号	-20号	柴油机
	南方	10号	-10号	
机油		CF-4级机油		柴油机
液力传动油		6号	8号	变矩器、变速箱
齿轮油		（GL-5）80W/90		驱动桥
制动液		HZY3/DOT3		制动系统
液压油		L-HM46号液压油		工作、转向液压系统
润滑脂		锂基润滑脂		各销轴、传动轴等

二、装载机在陶瓷工程中柴油发动机保养常识

1. 柴油

（1）要选用品质好的柴油，柴油中水分和机械杂质越少越好。否则易引起滤清器的早期堵塞、零件锈蚀和三大偶件的严重损坏。

（2）柴油的牌号选用要正确。柴油的凝点要比柴油机使用时的最低环境温度低6~10℃，以保证其必要的流动性，柴油机运行过程中燃油的黏度应≥1.3。

（3）在季节气温发生变化时，必须要更换相应牌号的柴油。比如，在-10℃的情况下，应更换为-10号柴油。

2. 机油

（1）选用质量级别为CF-4适用各装载机系列柴油机专用机油。大多数气候使用15W/40机油。

（2）柴油机油规格的标准写法是：黏度级别在前，质量级别在后。柴油机在季

节转换时柴油机油的牌号应更换，以保证润滑油的黏度，否则会产生不良后果。注意，不同品牌、不同型号、不同厂家的机油不可混用。

（3）更换滤清器时要加满机油，在密封圈接触后，再拧紧 1/2~3/4 圈即可。拧得太紧会使螺纹变形或损坏滤清器密封圈。

3. 冷却液

柴油机的冷却液要求用水和 DCA4 化学添加剂或防冻液和 DCA4 化学添加剂按一定比例配置而成。

在使用冷却液时必须注意：

（1）冷却液的冰点应比柴油机所在地区最低气温低 10℃ 左右。

（2）不允许采用海水直接冷却柴油机。

（3）不可使用 100% 的乙二醇作为冷却液。

（4）冷却液中必须添加一定浓度的 DCA4 化学添加剂。水和防冻液对柴油机冷却系统均无防护作用。

（5）不同型号、不同厂家的 DCA4 不可混合使用。

（6）每 8000 公里或 250 小时更换水过滤器，不要使用硬水，换水时注意保持水中防蚀剂浓度。

三、装载机在陶瓷工程中发动机每日保养内容

柴油机预防性保养，是从每天了解其本身及其系统的工作状态开始。在启动之前，需先进行日常维护保养，检查机油和冷却液面，寻找可能出现的泄漏、松动或损坏的零件，磨损或损坏的胶带以及柴油机出现的任何变化。

1. 检查机油油面

检查油面高度需在柴油机停车（至少 5 分钟）后进行，使机油有充分的时间流回油底壳。当油面低于油尺上"L"（低油面）记号或高于"H"（高油面）记号时，决不允许开动柴油机。

2. 检查冷却液面

打开散热器，检查膨胀水箱、加水口盖、闷头、冷却液面。

注入冷却液时注满到散热器或膨胀水箱加水口或液面检查口的底面为止。如有中冷器，应打开放气阀，排除冷却液中的空气。加入时应慢慢地，以防产生气阻。

3. 检查传动胶带

用肉眼检查传动胶带。检查传动胶带是否有纵横交叉的裂纹。沿胶带宽度方向

的横向裂纹是允许的，但不允许出现纵向和横向贯穿的裂纹。若胶带磨损或出现材料剥落应予更换。

4. 检查冷却风扇

要求每天都用肉眼检查风扇有无裂纹、铆钉松动、叶片松动和弯曲等问题。应确保风扇安装可靠。必要时拧紧紧固螺栓，更换损坏的风扇。

5. 排除燃油—水分离器中的水和沉淀物

如果有的话应排除，直到清洁的燃油流出为止，然后再关紧阀门。注意，若排出的沉淀物过多，应更换燃油—水分离器以免影响柴油机的顺利启动。

柴油机在铭牌和（或）机本上还有一个订货号，用户在进行保养时应把订货号记下。当柴油机需要更换零件时，必须有此订货号，否则无法进行。因为，柴油机的型号一样，但其订货号可能是不一样的，比如柴油机型号为 D6114ZGB，其有配夏工、徐工等厂家的几种机型，柴油机上有些零部件的配置也是不同的，故而其订货号是不一样的。

四、装载机在陶瓷工程中整机的定期保养

整机定期保养分为：8 小时、50 小时、100 小时、300（200）小时、600 小时、1200 小时。

五、装载机在陶瓷工程中 8 小时/天定期保养

（1）检查发动机机油油位。正常机油油位在油尺的网格区域内（见图 4-123）。正常水位应该在加水孔表面（箭头所指平面）以下 5 厘米左右（见图 4-124）。

图 4-123　检查发动机机油油位

检查水箱水位

正常水位应该在加水孔表面（箭头所指平面）以下5厘米左右

检查液压油箱油位

 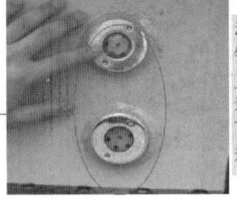

动臂最低，铲斗放平时，上考克无法看到液压油，下考克可以看到

图 4-124　检查水箱水位

（2）检查液压油箱油位。动臂最低，铲斗放平时，上考克无法看到液压油，下考克可以看到。

（3）检查仪表的读数是否正常。

（4）检查轮胎：

1）看轮胎是否明显变形。

2）听是否有漏气的声音（见图4-125）。

检查仪表的读数是否正常

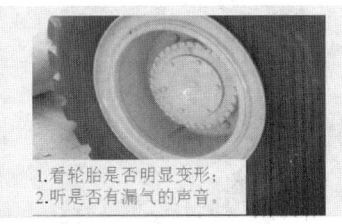

1.看轮胎是否明显变形；
2.听是否有漏气的声音

工作装置所有销轴、中间铰接销、副车架销、各种油缸运动关节等应加注黄油（3号或4号钙基润滑油脂）
对于在铲斗会接触到水或其它特殊液体，应缩短黄油的加注时间

图 4-125　检查仪表、轮胎、销轴等

工作装置所有销轴、中间铰接销、副车架销、各种油缸运动关节等应加注黄油（3号或4号钙基润滑油脂）。

对于在铲斗会接触到水或其他特殊液体，应缩短黄油的加注时间。

用工具将自动排水阀中间的凸部位向里顶。

轻拍粗滤（见图4-126）。

图4-126　轻拍粗滤

六、装载机在陶瓷工程中每周50小时定期保养

（1）检查空气滤清器（见图4-127），清除滤芯的积尘；安装完毕后，将空气滤清器保养指示器复位。沙漠地区和粉尘工况请根据实际情况缩短保养周期。

擦干净空气滤清器内表面（见图4-128）

图4-127　检查空气滤清器　　　　图4-128　擦干净空气滤清器内表面

保养好后，按下空滤保养指示器，使其复位（见图4-129）。

（2）前后车架铰接点、传动轴、副车架以及其他轴承等各点压注润滑脂。

前后车架铰接点（见图4-130）。

副车架铰接点（含另一面的销轴）（见图4-131）。

图 4-129 按下空滤保养指示器

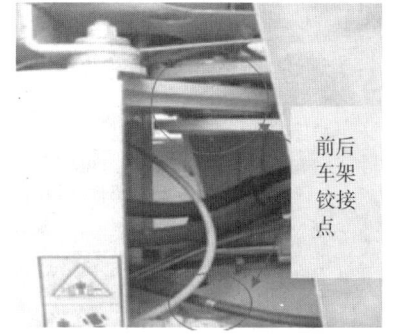
图 4-130 前后车架铰接点

（3）检查传动轴连接螺栓的紧固情况。制动系统关系到人机安全，严禁不同牌号的制动液混用（见图 4-132）。

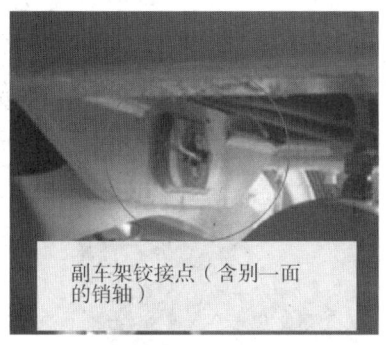
图 4-131 副车架铰接点

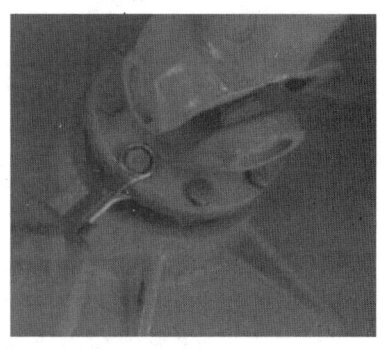
图 4-132 检查传动轴连接螺栓的紧固情况

（4）检查制动液是否足够，如不足要及时添加。

制动液须没过过滤网（见图 4-133）。

图 4-133 制动液须没过过滤网

（5）旋开燃油箱底部的放油塞及油水分离器的放水开关，排放积水和沉淀物。旋松螺栓该圈螺栓（见图4-134），旋松底部放水开关（见图4-135）。

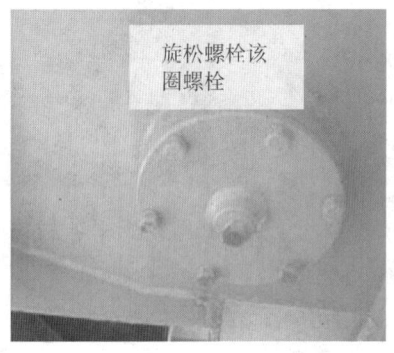

图4-134　旋松螺栓

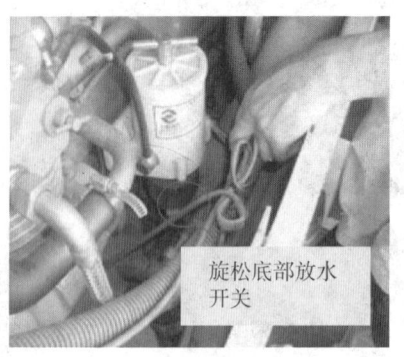

图4-135　旋松底部放水开关

（6）检查油门操纵、手制动、变速操纵装置等各软轴的固定是否松动（见图4-136）。

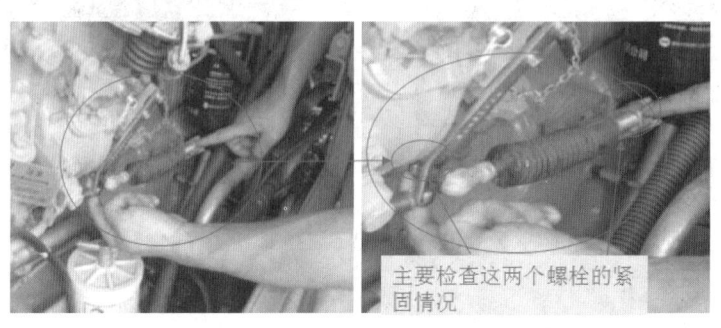

图4-136　检查各软轴的固定是否松动

七、装载机在陶瓷工程中100小时定期保养

100小时定期保养（半个月），同时应进行上述的维护保养。

第一个100小时作业后，需要更换变速箱油，并清洗或更换变速箱滤清器滤芯。

1. 更换变速箱油

换变速箱油时，拧松该螺母（见图4-137、图4-138）

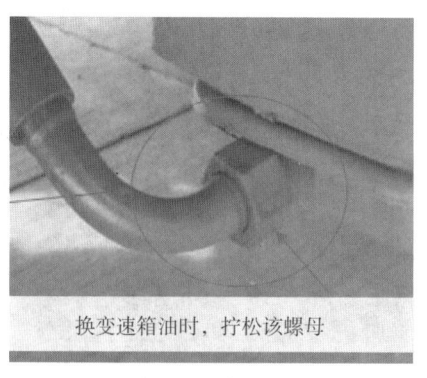

图 4-137　拧松变速箱螺母

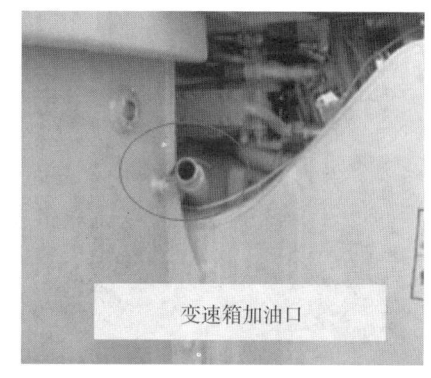

图 4-138　变速箱加油口

2. 更换变速箱滤清器步骤

（1）用手拧下变速箱滤清器。

（2）取出滤芯（见图 4-139）。

（3）用机油或柴油清洗滤芯（或更换）。

（4）重新安装好（见图 4-140）。

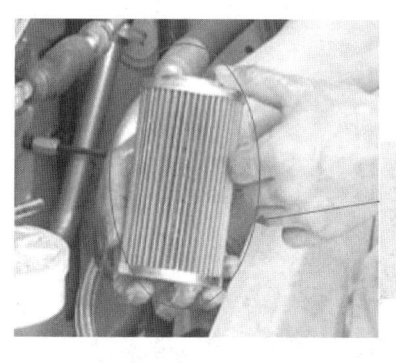

图 4-139　变速箱滤清器滤芯

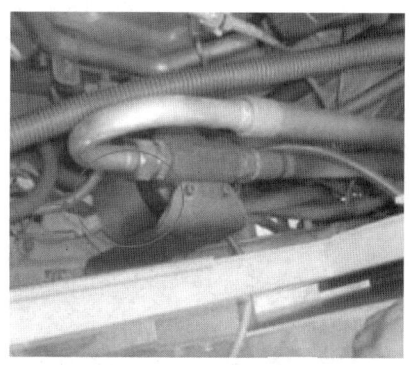

图 4-140　更换变速箱滤清器

3. 100 小时定期保养步骤

（1）检查发动机底座螺栓、变速箱底座螺栓、驱动桥固定螺栓、轮辋螺栓、前后车架铰接处螺栓、盘式制动器固定螺栓是否松动（见图 4-141、图 4-142、图 4-143、图 4-144、图 4-145、图 4-146）。

图 4-141　检查发动机底座螺栓

图 4-142　检查变速箱底座螺栓

图 4-143　检查驱动桥固定螺栓

图 4-144　检查轮辋螺栓

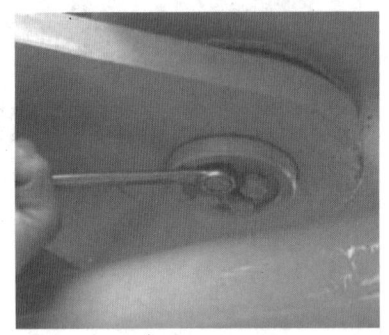

图 4-145　检查前后车架铰接处螺栓

图 4-146　检查盘式制动器固定螺栓

　　（2）检查前后驱动桥齿轮油是否足够。

　　拧松该螺塞，若没有齿轮油溢出，则须添加相同牌号的齿轮油（见图 4-147）。

　　（3）检查发动机机油量，如需要时，从滤油口加入发动机机油。

　　发动机机油油量检查方法见 8 小时保养第一项。机油加注口如图 4-148 所示。

图 4-147　检查前后驱动桥齿轮油是否足够

图 4-148　检查发动机机油量

1) 排放柴油机机油，更换机油滤清器，更换厦工机械柴油机专用机油或同等品质的柴油机机油约24L（见图4-149）。

2) 更换柴油滤清器、冷却液水滤器及油水分离器滤芯。用发动机随机专用工具拆装机油滤清器（安装时注意O形圈的密封性）（见图4-150）。

发动机柴油放油口。机油加注口

图 4-149　机油加注口

图 4-150　拆装机油滤清器

(4) 用发动机随机专用工具拆装柴油滤清器（安装时注意O形圈的密封性）（见图4-151）。

旋松螺柱后，更换里面的滤芯（见图4-152）。

1) 旋松两个紧固螺栓。

2) 用专用工具拆装（见图4-153）。

图 4-151　拆装柴油滤清器

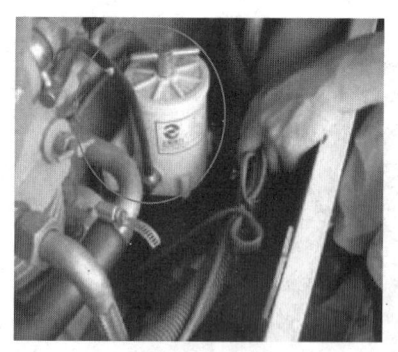

图 4-152　更换滤芯

图 4-153　旋松紧固螺栓

注意事项：

更换柴油滤油器时，需排掉系统内空气方法如下：

用起子或扳手拧开喷油泵两侧上端的任一排气螺丝数圈，用手揿压手动油泵至排出的柴油连续通畅无气泡，发出"吱吱"的声音为止，然后拧死放气螺钉，将手动油泵限压回原位（见图 4-154）。

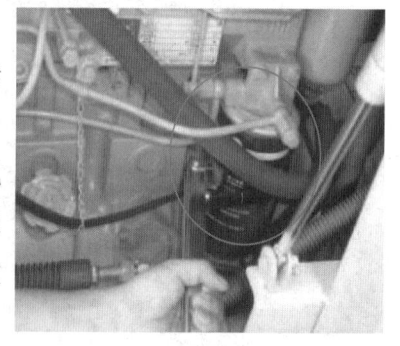

图 4-154　拧死放气螺钉

（5）在发电机皮带轮和风扇皮带中间一点用手指压下（约 6kg·f）；正常的皮带张紧挠度约10mm；调整后，牢牢地拧锁紧螺栓和螺母。调整风扇皮带张紧轮（见图 4-155）。

测量轮胎气压（见图 4-156）。

前轮气压：0.3~0.32Mpa。

后轮气压：0.28~0.3Mpa。

图 4-155 调整风扇皮带张紧轮

图 4-156 测量轮胎气压

八、装载机在陶瓷工程中 600 小时定期保养

600 小时定期保养（三个月），同时应进行以下维护保养：

更换变速箱传动油（具体方法见 100 小时保养），清洗油底壳滤网及变速箱滤油器滤芯（见图 4-157、图 4-158、图 4-159、图 4-160、图 4-161）。

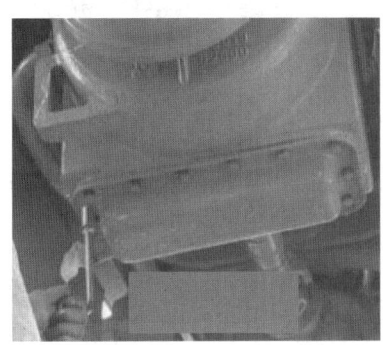

图 4-157 拆油底壳

图 4-158 清洗油底壳滤网

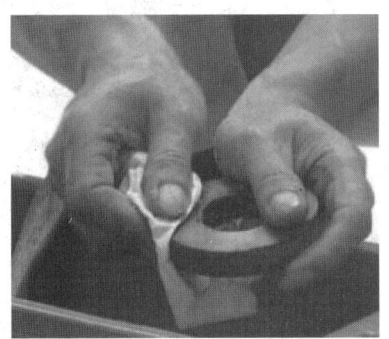

图 4-159 清洗永久磁铁

图 4-160 清洗油底壳壳体

图 4-161　清洗变速箱传动油滤清器滤芯

检查驱动桥固定螺栓是否松动：

（1）更换前后驱动桥齿轮油，每件驱动桥大概加注 24L 即中间桥包 16L，两轮边各 4L（见图 4-162、图 4-163、图 4-164、图 4-165）。

图 4-162　驱动桥排油口

图 4-163　排尽齿轮油

图 4-164　加注专用齿轮油

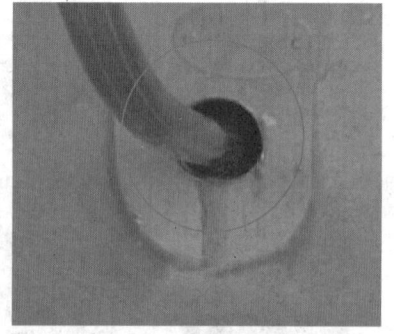

图 4-165　齿轮油从加油口内溢出即可

（2）更换轮边减速器齿轮油（每个轮边减速机构大概加注 4L）。

注意：放油时，使其中一个螺塞处于最低位置，拧开处于最低位置的螺塞，排尽齿轮油（见图4-166）。

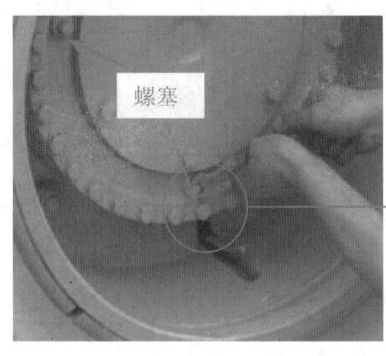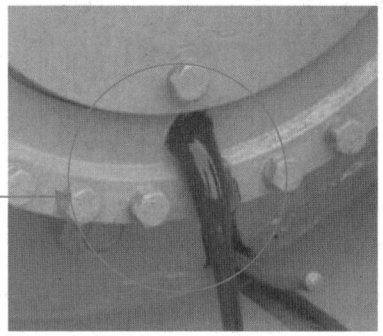

图4-166　排放齿轮油

注意：加油时，使其中一个螺塞处于最高位置，同时拧开两个螺塞。往处于最高位置的油塞孔加油，直到油从另外一个孔溢出为止（见图4-167）。

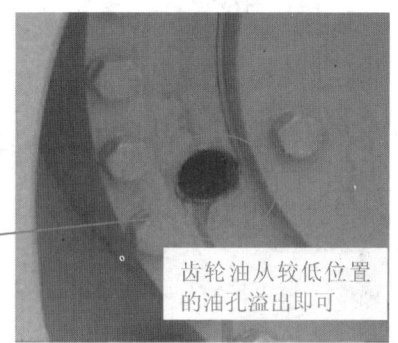

图4-167　加注齿轮油

更换柴油，清洗燃油箱，清洗柴油箱出油口滤网和加油口滤网（见图4-168、图4-169、图4-170）。

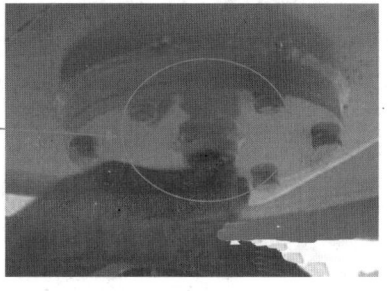

图4-168　拧开螺塞排尽柴油

图 4-169　加油口滤网　　　　　　图 4-170　用柴油清洗加油口滤网

　　更换液压油（大约 200L），清洗液压油箱，清洗加油口滤网，更换进油口和回油口的滤网（见图 4-171、图 4-172、图 4-173、图 4-174）

图 4-171　拧开排油口，排尽液压油　　图 4-172　取下加油口滤网，用柴油清洗

图 4-173　进油口滤网　　　　　　图 4-174　回油口滤网

　　清洗检查制动加力泵，更换密封件；更换制动液（见图 4-175、图 4-176、

图 4-177、图 4-178）。

 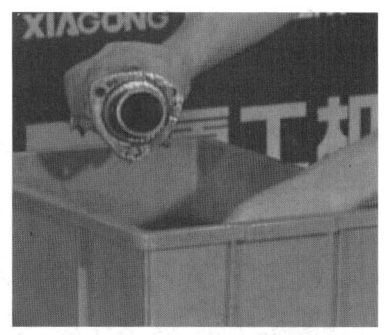

图 4-175　检查制动加力泵　　　　图 4-176　清洗制动加力泵

图 4-177　更换密封件

图 4-178　安装制动加力泵

重新检查调整各系统压力：

工作系统压力检测调整为 16MPa；

转斗油缸前腔压力检测调整为 11~13MPa；

转向系统压力检测调整为 14MPa；

卸荷压力检测调整为 12.5MPa。

注意：1）清洗液为柴油或机油。

2）工况恶劣时，缩短三滤保养更换周期（见图4-179）。

优先卸荷阀测试及调整部位（见图4-180）。

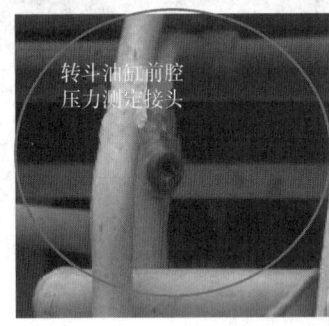

图4-179　分配阀的检查

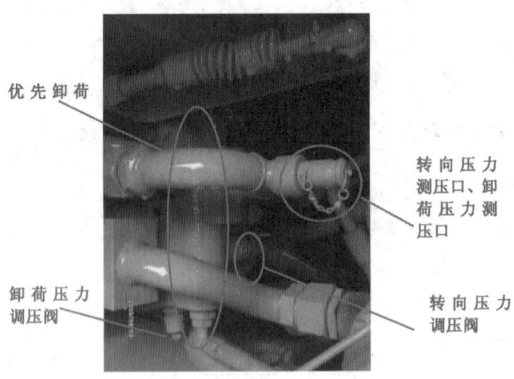

图4-180　优先卸荷阀测试及调整部位

第五章

陶瓷机械——挖掘机

专业能力目标

➤ 了解挖掘机的发展历史。

➤ 了解挖掘机的结构、类型及用途。

➤ 熟悉挖掘机的基本操作。

➤ 熟悉挖掘机的安全操作规范及流程。

➤ 熟悉挖掘机日常检查项目。

➤ 了解挖掘机的保养流程。

➤ 了解挖掘机在陶瓷工程中的应用。

社会能力目标

➤ 通过分组活动，培养团队协作能力。

➤ 通过实践操作挖掘机，培养挖掘机的驾驶能力。

第一节　挖掘机在陶瓷工程中的概述

一、挖掘机在陶瓷工程中的发展史

1. 挖掘机发展历程

表 5-1　挖掘机发展历程

时　代	挖掘机产品		开发公司
机械式时代	1837 年	初期的机械式挖掘机问世	美国开发
	1895 年	全回转式挖掘机问世	美国开发
	1924 年	柴油发动机挖掘机问世	美国开发
	1930 年	日本最早的电动挖掘机 50K 问世	神户制钢所
	1949 年	日立 U05 型挖掘机问世	日立制作所
液压式时代	1961 年	35 型	三菱重工
	1963 年	油谷 TY45 型（轮式）	油谷
	1964 年	日钢 RH35 型	日本制钢 O&K
	1965 年	UH03 型开始生产和销售	日立制作所
	1967 年	UH06 型开始生产和销售	日立制作所
	1975 年	UH20 型、UH30 型开始生产和销售	日立建机
	1975 年	UH50 型开始生产和销售	日立建机

挖掘机的问世已经有 170 多年了。

（1）机械动力驱动挖掘机最初是由美国人在 1837 年利用蒸汽动力原理设计的（见图 5-1）。

全回转式机械动力挖掘机是 1895 年里查德·德温开发的。

在这种挖掘机的上部机构装有发动机，下部的行走体能够全回转。这对于现在的挖掘机结构的发展具有重要意义（见图 5-2）。

图 5-1　机械动力驱动挖掘机　　　　图 5-2　全回转式机械动力挖掘机

1924 年，柴油发动机进入了挖掘机发动机领域，逐渐淘汰了汽油发动机，一直到现在（见图 5-3）。

（2）1948 年以后，各制造厂家相继制造完成了现代的新型液压挖掘机，并且逐步改善达到今日的水平（见图 5-4）。

图 5-3　柴油发动机挖掘机　　　　图 5-4　液压挖掘机

2. 挖掘机品牌

表 5-2　挖掘机生产厂家

液压式挖掘机	小型挖掘机	轮式挖掘机
日立	日立	日立
小松	小松	小松
三菱卡特（SCM）	三菱卡特（SCM）	三菱卡特（SCM）
神户制钢	洋马	东洋（TCM）

液压式挖掘机	小型挖掘机	轮式挖掘机
住友	久保田	川重
加藤	神户制钢	神户制钢
石川岛	石川岛	洋马
洋马	竹内	久保田
	北越	沃尔沃

挖掘机典型车型如图5-5、图5-6、图5-7、图5-8、图5-9、图5-10、图5-11、图5-12、图5-13、图5-14所示。

图5-5　日立挖掘机

图5-6　小松

图5-7　住友

图5-8　神钢

图 5-9　卡特

图 5-11　现代

图 5-10　斗山大宇

图 5-12　沃尔沃

图 5-13　三一重工

图 5-14　玉柴

二、挖掘机在陶瓷工程中的分类

液压挖掘机的分类方法有多种，但主要的分类方法有四种：按工作质量分类、按行走形式分类、按工作装置分类、按动力传动方式分类。

1. 按工作质量分类（见表 5-3）

表 5-3 按工作质量分类

整机重量	类 型	机型（以日立为例）
6 吨以下	微型	ZAXIS55R
6 吨以上 10 吨以下	小型	ZAXIS70
10 吨以上 40 吨以下	中型	ZX200、ZX330、ZX360-3
40 吨以上 100 吨以下	大型	ZX450ZX470H-3
100 吨以上	超大型	日立 EX8000（见图 5-15）

图 5-15 日立 EX8000

2. 按行走形式分类

可分为履带式、轮胎式、汽车式（见图 5-16）。

大部分挖掘机是履带式。这有两个理由：

（1）挖掘机一旦进入作业现场就不大移动，只行走较短的距离。

（2）地面接触面积大，能够在较松软的地方作业。在凹凸不平的地面行驶时，能够承受猛烈的冲击。

轮胎式挖掘机，因其具有橡胶轮胎，机动性好，适合于城市内的道路和下水道施工。但不适用于松软地基部位的作业。

图 5-16 履带式、轮胎式 、汽车式

3. 按工作装置分类

前端附件工作装置因作业内容而异。

反铲装置主要适用于从地表面向下挖掘，更换铲斗可进行各种作业。

装卸铲：主要是大型挖掘机的工作装置。主要用于地表上面的挖掘。

4. 按动力传动方式分类

按动力传动方式可分为：机械式挖掘机和液压式挖掘机。

液压式挖掘机运行灵活，维修简便，可配备多种工作装置。近年来，成为挖掘机的主流机型（见图 5-17、图 5-18、图 5-19、图 5-20）。

图 5-17 机械式拖铲挖掘机

图 5-18 液压式反铲挖掘机

图 5-19　机械式动力铲挖掘机　　　　图 5-20　液压式正铲挖掘机

三、陶瓷机械——挖掘机的结构

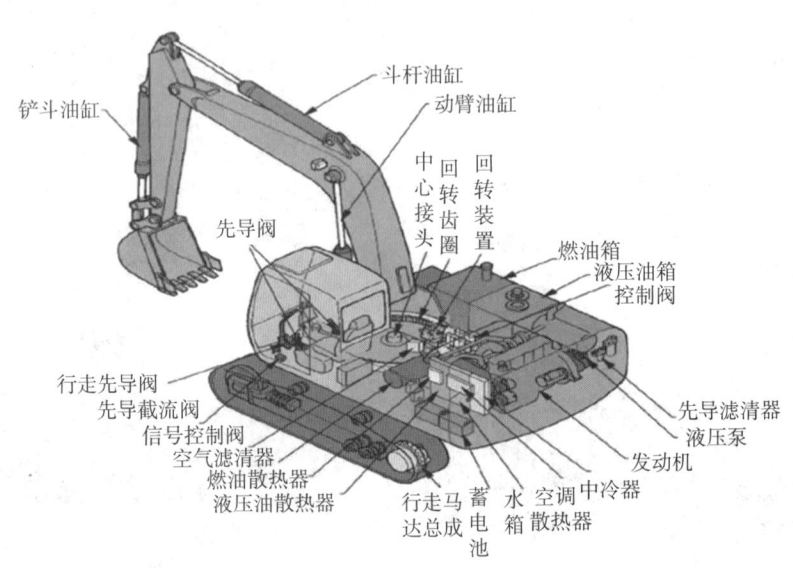

图 5-21　液压挖掘机的结构

　　常用的全回转式液压挖掘机的动力装置、传动装置的主要部分、回转机构、辅助设备和驾驶室等都安装在可回转的平台上，通常称为上部转台。因此单斗液压挖掘机概括成由图示的上部回转体、行走机构和工作装置三个部分组成（见图5-22）。

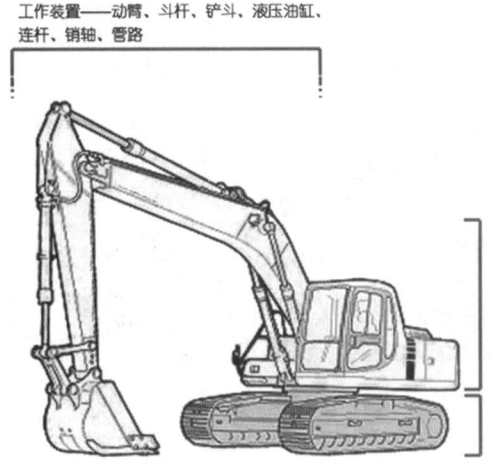

图 5-22　液压挖掘机工作装置

1. 底盘

底盘即行走装置，包括履带架和行走机构，主要由履带架、行走马达+减速机及其管路、驱动轮、导向轮、托链轮、支重轮、履带、张紧缓冲装置组成。其功能为支撑挖掘机的重量，并把驱动轮传递的动力转变为牵引力，实现整机的行走。行走马达+减速机=行走机构。

下车：底盘+回转支承+中央回转接头（见图5-23、图5-24、图5-25、图5-26、图5-27、图5-28、图5-29）。

图 5-23　装载机的下车

图 5-24　支重轮

图 5-25　驱动轮

图 5-26　托链轮

图 5-27　引导轮

图 5-28　行走马达+减速机

图 5-29　履带

中央回转接头是连接回转平台与底盘油路的液压元件，它保证回转平台旋转任意角度后，还能正常给行走马达供油（见图5-30）。

图 5-30　中央回转接头

2. 平台

平台是上车部分主要承载结构件（见图5-31、图5-32、图5-33、图5-34、图5-35、图5-36、图5-37、图5-38、图5-39、图5-40、图5-41、图5-42、图5-43、图5-44）。

图 5-31　装载机平台

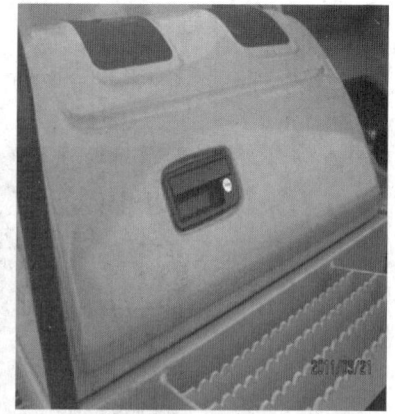

图 5-32　液压油箱、燃油箱　　　　　图 5-33　工具箱

散热器　　　　　　发动机总成　　　　　　　主泵

图 5-34　发动机总成及附件

图 5-35　主控制阀

图 5-36　回转马达减速机

图 5-37　驾驶室

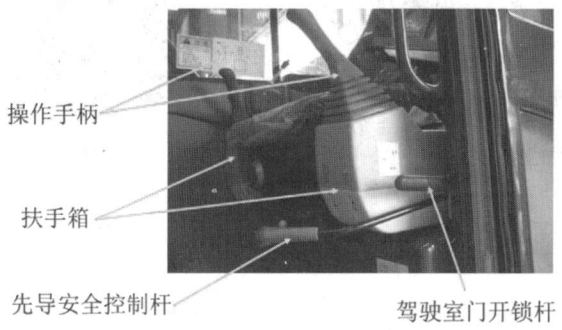

操作手柄

扶手箱

先导安全控制杆

驾驶室门开锁杆

图 5-38　驾驶室内部结构

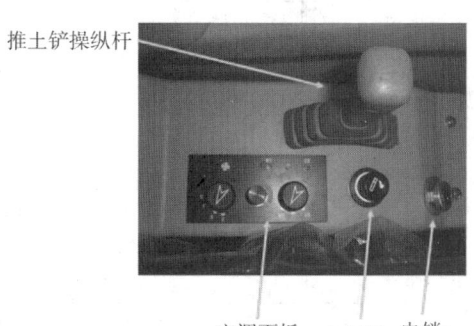

推土铲操纵杆

空调面板　点烟器　电锁

图 5-39　推土铲操纵杆

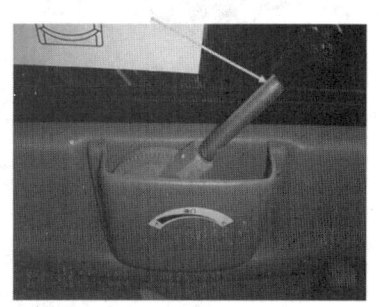

图 5-40　油门操纵杆

图 5-41　空调面板开关

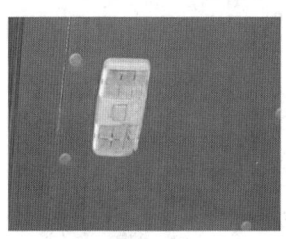

图 5-42　室内顶灯开关

图 5-43　救生器

主工作界面各部分的功能

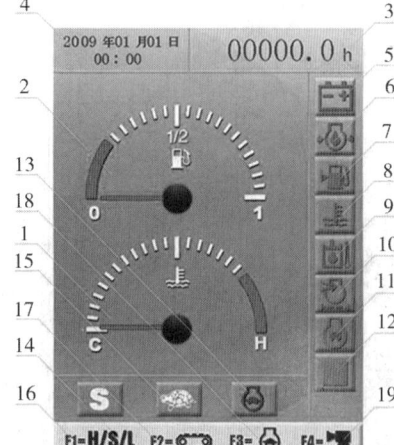

图 5-44　仪表盘

编号	功能	编号	功能
1	燃油表	11	预热指示灯
2	水温表	12	ESS 故障指示灯
3	小时表	13	自动急速指示灯
4	当前时钟	14	H/S/L/G 工作模式指示灯
5	充电指示灯	15	高速行走/低速行走指示灯
6	发动机油压低报警灯	16	H/S/L/G 模式切换按键
7	燃油低报警灯	17	行走速度切换按键
8	水温高报警灯	18	自动急速切换指示灯
9	液压油温高报警灯（预留）	19	后视摄像头切换按键
10	空滤堵塞报警灯		

3. 工作装置

工作装置是液压挖掘机的主要组成部分，目前 XG 系列挖掘机配置的是反铲工作装置，它主要用于挖掘停机面以下的土壤，但也可以挖掘最大切削高度以下的土壤。反铲工作装置由动臂、斗杆、铲斗、摇杆、连杆及包含动臂油缸、斗杆油缸、铲斗油缸在内的工作装置液压管路等组成（见图 5-45、图 5-46、图 5-47、图 5-48、图 5-49、图 5-50）。

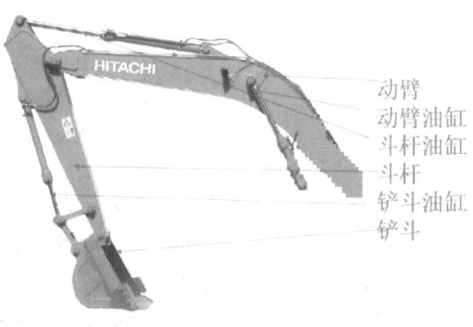

动臂
动臂油缸
斗杆油缸
斗杆
铲斗油缸
铲斗

图 5-45　工作装置

图 5-46　动臂

图 5-47　斗杆

图 5-48　铲斗

图 5-49　配重

图 5-50　连杆机构

四、液压挖掘机在陶瓷工程中的常用工作参数

常用工作参数包括爬坡能力、主机质量和铲斗容量。

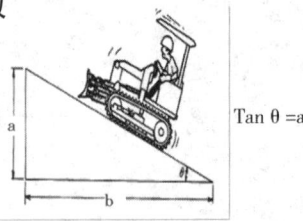

图 5-51　爬坡能力

1. 爬坡能力

履带式挖掘机为 30°～35°；轮胎式挖掘机为 20°～30°（见图 5-51、图 5-52、图 5-53）

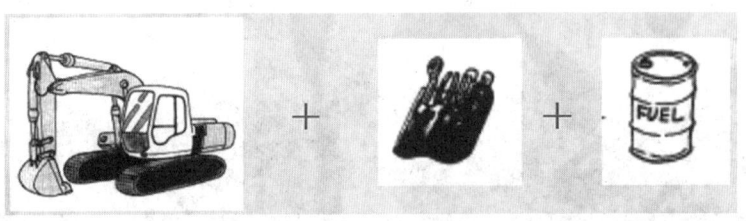

图 5-52　整机质量

图 5-53　工作质量

2. 主机质量

主机质量指去除工作装置后，挖掘机械主机的干燥重量（不含燃油、液压油、润滑油、冷却水等重量）（见图5-54）。

图 5-54　主机质量

3. 铲斗容量（见图5-55）

PCSA、CECE 是现行的两种铲斗容积的计算方法。

PCSA 是美国、日本铲斗容积的计算方法（a/b＝1/1）。

CECE 是欧洲铲斗容积的计算方法（a/b＝1/2）。

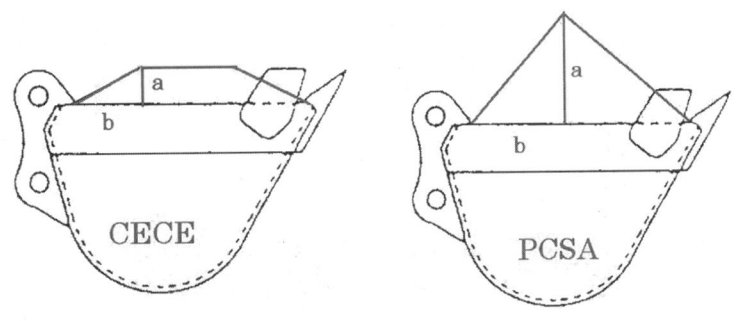

图 5-55　铲斗容量液压挖掘机的工作原理

五、液压挖掘机在陶瓷工程中的工作原理

利用流体代替机械式动力传动（齿轮、链等）使执行元件即液压马达、液压缸等动作进行作业（见图5-56）。

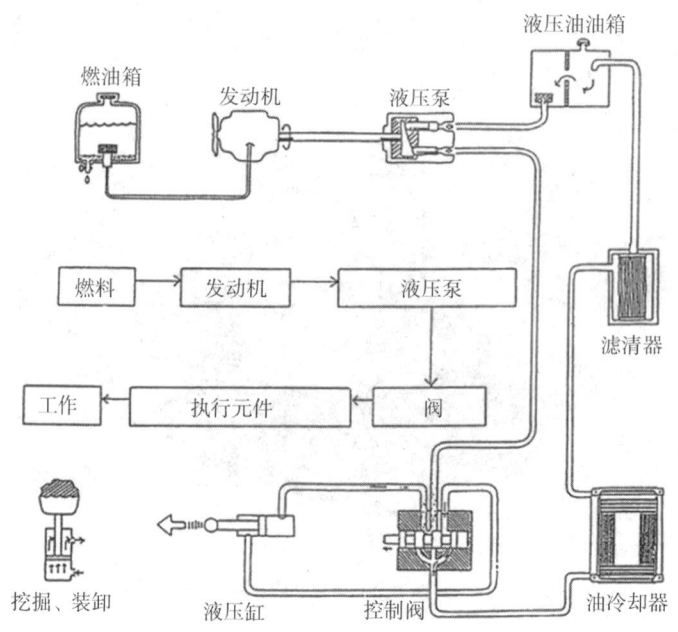

图 5-56 液压挖掘机的工作原理

第二节　挖掘机操作知识

一、挖掘机安全标贴

"NOTICE"和"CAUTION"表示潜在的危险，如果不避免将会导致轻微或中度人身伤害。

"WARNING"表示潜在的危险，如果不避免将会导致死亡或重度人身伤害。

"DANGER"表示即刻出现的危险，如果不避免将会导致死亡或重度人身伤害。

"NOTICE" 和 "CAUTION" 也用于提示可能会导致人身伤害的不安全操作的有关安全事项。

此标贴张贴于发动机机罩上，表示发动机运行时，不得打开发动机机罩。

此标贴张贴于驾驶室内右侧玻璃上，表示要锁紧挖掘机门窗。

此标贴张贴于驾驶室内右侧玻璃上，表示收斗时要注意挖斗不得触碰挖掘机其他部位，以免损伤挖掘机。

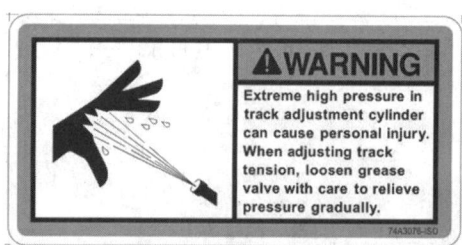

此标贴张贴于行走架履带张紧装置黄油嘴处，表示要注意黄油高压挤出伤人。

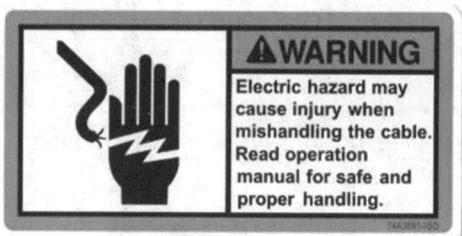

此标贴位于蓄电池附近，表示注意高压触电。

此标贴张贴于水散热器上部，表示热车时，不得拧开水散热器盖子，以免烫伤。

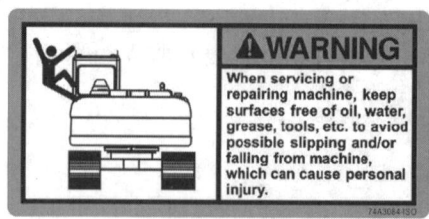

此标贴位于燃油箱上，表示注意滑跌。

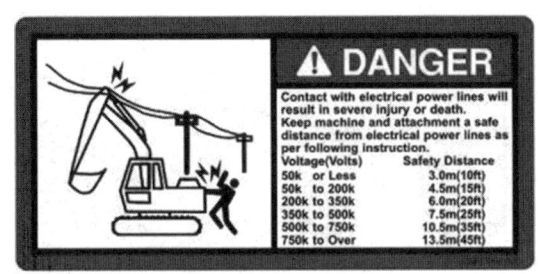

此标贴张贴于驾驶室内右侧玻璃上，表示注意挖掘机与高压电线的距离。

此标贴张贴于驾驶室后侧玻璃上，表示始终保持逃生锤放置在驾驶室内部。

注意：如果驾驶室门打不开，可采用以下方法逃离：

（1）打开前窗，从前窗逃离。

（2）如果打开前窗比较困难，用锤子敲破玻璃逃离。

（3）如果不能从前窗逃离，用锤子敲破后窗玻璃逃离。

此标贴张贴于斗杆左右侧板上，表示注意斗杆与人员要保持的安全距离。

此标贴张贴于配重后部，表示配重与人员要保持的安全距离。

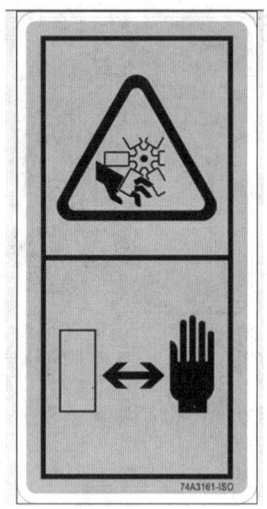

此标贴张贴于发动机导风罩上，表示当发动机风扇停止运转后才可对风扇及导风罩进行维修。

此标贴张贴于驾驶室内切断阀旁左扶手箱上，表示驾驶员在驾驶室内休息或整机停止动作较长时间时，需将切断阀关闭，防止手臂及脚不小心碰到手先导、脚先导。离开驾驶室前必须确保切断阀为关闭状态。

二、挖掘机在陶瓷工程中的操作注意事项

1. 操作前注意事项

（1）油、水检查。

（2）逐个检查液压油位、发动机冷却水箱水位、发动机机油油位和回转马达齿轮油油位是否处于正常位置，如不是须增加或减少油或水使其达到正常位置（见图5-57、图5-58、图5-59、图5-60）。

图5-57　液压油位检查

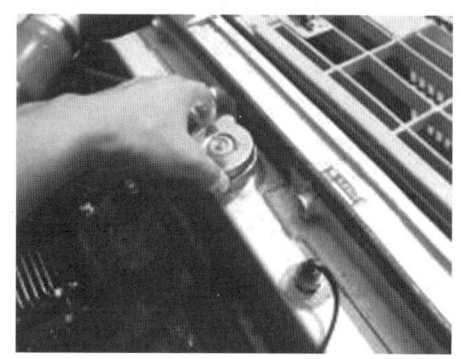
图5-58　发动机冷却水箱水位检查

图5-59　发动机机油油位检查

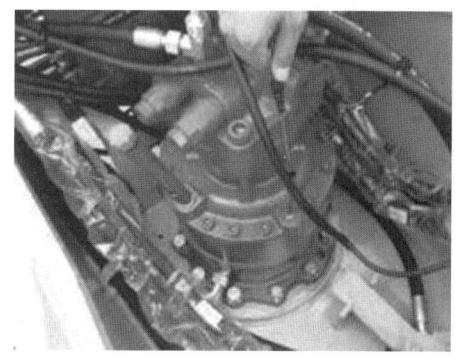
图5-60　回转马达齿轮油油位检查

（3）在柴油和机油处严禁烟火。机油、防冻液，特别是柴油属于高度易燃物，所以不要让烟火接近机器。添加柴油之前要先关闭发动机（见图5-61）。

（4）上下机器。上下机器时，面向机器，使用扶手及脚踏，要保持与整机三点接触。不要抓握控制杆，要检查并清洁扶手、踏板（见图5-62）。

图 5-61 严禁烟火

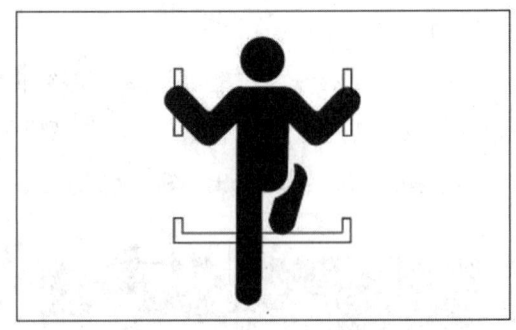

图 5-62 扶手及脚踏上车

（5）检查障碍物。依次检查整机上、下、左、右、前、后，及时将杂物、工具及障碍物清除（见图5-63）。

（6）确认车体方向。左、右、前、后方向是由驾驶室在前，行走马达在后决定的（见图5-64）。

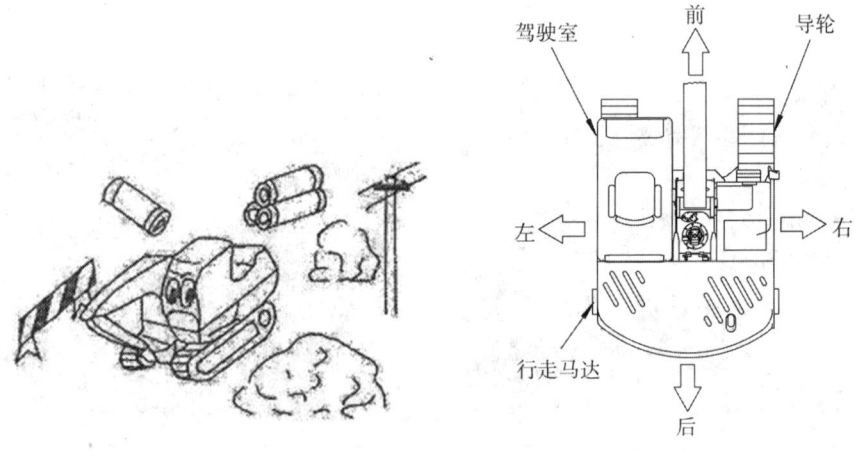

图 5-63 检查障碍物

图 5-64 确认车体方向

（7）检查照明系统。晚上操纵整机时，检查所有照明设备，确保照明系统完好。

2. 启动时注意事项

（1）启动前按响喇叭以警告机器周围的人。

（2）让其他人远离机器。严禁除操作者以外的其他人爬上整机，因为这样做会导致严重的伤害（见图5-65）。

（3）启动发动机。柴油机启动前，钥匙开关先打到"START"挡，如发动机第一次没有顺利启动，请稍等15秒钟后再启动，连续三次启动不成功需等待2分钟后再启动。如每次停机后都存在此问题，必须排除故障。通过启动电机通电运转以带动发动机启动时，启动过程持续1~5秒。发动机启动后立即放松钥匙，为避免启动器的损坏，每次操作马达启动器不可超过10秒。若启动时间持续过长，将有可能烧坏启动电机（见图5-66）。

图5-65 严禁除操作者以外的其他人爬上整机

图5-66 钥匙开关

（4）启动时怠速暖机。发动机启动后不应立即加大油门，在天冷时要怠速运行3~5分钟，对发动机进行预热，再逐渐加大油门。这样将防止因发动机燃烧不充分导致的在燃烧室缸壁积碳。启动后要热机（见图5-67）。

（5）启动后检查机油压力。挖掘机启动后，检查监控器机油压力显示，整机须在启动15秒内建立起机油压力，若15秒后机油压力还未建立，则应立即关闭发动机。在排除故障之前不要启动发动机。

图5-67 怠速暖机

3. 操作时注意事项

（1）挖掘机启动后，禁止人员从工作装置下部通过。

（2）高转速时确认自动怠速功能。

在自动怠速功能开着时，必须密切注意发动机控制旋钮的设定。当发动机控制旋钮的设定速度高时，如果操作者没有注意高的发动机速度设定就操作操纵杆，发动机速度的突然增大会引起机器的加速运动，有可能导致人员的严重受伤。

（3）绝对不要试图横穿坡度大于15度的斜坡，防止机器侧翻（见图5-68）。

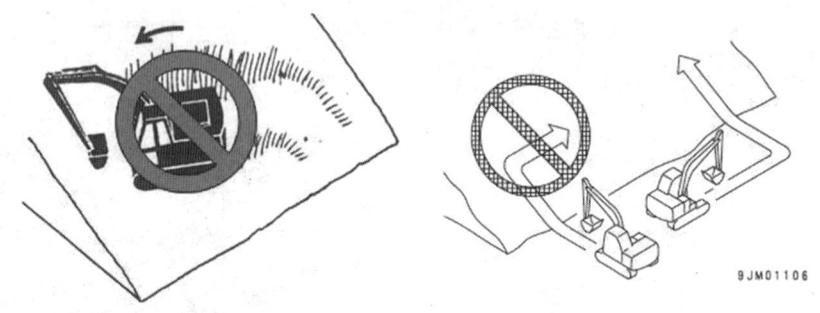

图 5-68　禁止横穿坡度大于 15 度的斜坡

（4）防止倒车和回转时的受伤事故（见图5-69）。

图 5-69　防止倒车和回转时的受伤事故

（5）不要让其他人接近整机的行走或旋转区域（见图5-70）。

（6）如果操作区域危险或视线不好时，必须有人指挥方向。

（7）与高压电线保持安全距离。

在电线附近操作时，不可把机器的任何部分或负载靠近电线。湿地将增大人员

图 5-70　不要让其他人接近整机的行走或旋转区域

可能触电的范围。让周围人员远离作业区（见图 5-71）。

（8）小心厂房等高架设施。如果机器的工作装置或其他部位撞到厂房顶部等高架物，机器和高架物都会损坏，还可能造成人员受伤；小心防止动臂或斗杆与厂房顶部等高架物相撞（见图 5-72）。

图 5-71　与高压电线保持安全距离

图 5-72　小心厂房等高架设施

（9）操作时关注整机报警。挖掘机操作过程中，若监控器发出报警声，则应立即关闭发动机，然后将电锁开至"ON"挡，通过监控器检查故障记录，确定报警声音来源（机油压力报警、液压油温报警、冷却液水温报警、冷却液水位报警），并找相应人员对其进行处理。在排除故障之前不要启动发动机。

（10）行走时注意事项。在平坦的地面上行走时，要收回工作装置并与地面保持 40~50cm 的距离（见图 5-73）。

行走状态

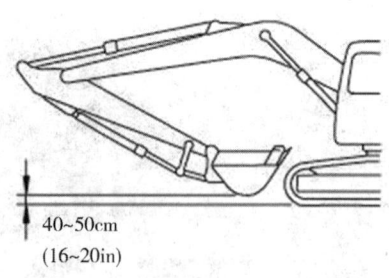

40~50cm
(16~20in)

图 5-73　工作装置与地面保持 40~50cm 的距离

4. 停机时注意事项

（1）将机械停放于地面上。

（2）将铲斗降至地面。

（3）以怠速运行发动机 3 分钟（见图 5-74）。

（4）拉上先导控制关闭杆将一切操作杆锁至中位（见图 5-75）。

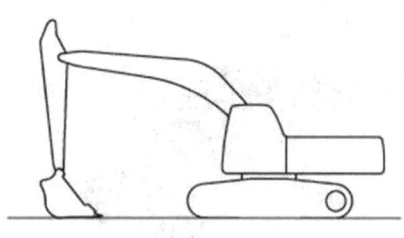

自由位置

锁定位置

图 5-74　停机时注意事项　　　　**图 5-75　拉上先导控制关闭杆**

（5）转钥匙开关至"OFF"位置。从开关上拿掉钥匙。如果发动机没有被正确地关掉，涡轮增压器可能被损坏。

（6）如果必须将整机停放在斜坡上，要将铲斗调整到下坡一侧，将铲斗插入地面，并在履带的下面放上垫块以防止整机移动（见图 5-76）。

5. 检修时注意事项

（1）检修时警告。在检查/故障处理时，如果有人启动发动机或操作操纵杆，可能会导致严重的伤害。因此当人离开整机时，务必要在操纵杆上悬挂"禁止操作"警示牌。

（2）检修时应关闭发动机。在发动机运转时进行检查/故障处理，手或衣服可能被风扇、带轮或风扇皮带夹住（见图5-77）。

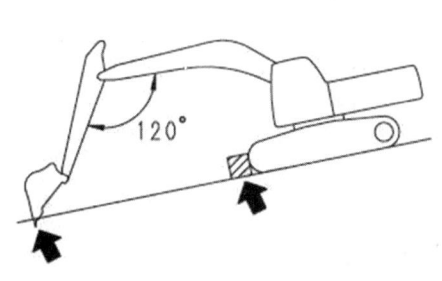

图5-76　整机停放在斜坡上　　　　　图5-77　检修时应关闭发动机

（3）整机处于高温或高压时的检修注意事项。整机刚停止时，发动机的冷却水和机油都处于高温。在此情况下，如果打开盖子或更换机油，可能会被高温的水或机油烫伤。

（4）小心高压油。在正常情况下，每一条液压油管都存在压力，所以在释放内部压力之前，先不要补充油或清除油，或检修整机。因为高压油会对皮肤和眼睛造成伤害。

三、挖掘机在陶瓷工程中的正确操作方法

周围状况确认，当旋转作业时，对周围障碍物、地形要做到心中有数，一定确保安全操作。

作业时要确认履带的前后方向，避免造成倾翻或撞击。

尽量不要把终传动面对挖掘方向，否则容易损伤行走马达或软管。

作业时保证左右履带与地面完全接触，提高整机的动态稳定性。

挖掘机操作注意事项：

（1）在操作前，要熟悉每个操纵手柄的位置与功能。

（2）不可将身体的任何部分伸出窗架，以防不小心撞到或因其他原因而碰上动臂控制杆。

（3）防止因机器的意外移动而造成受伤（见图5-78、图5-79）。

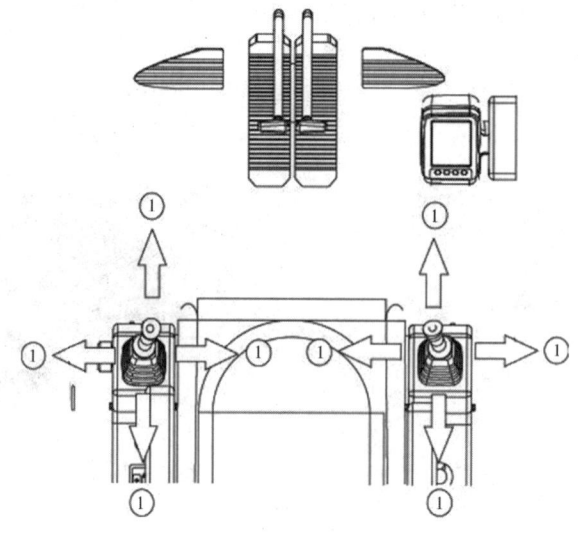

图 5-78 挖掘机操纵杆

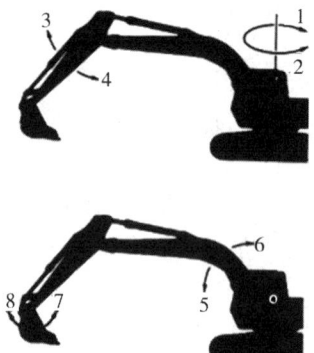

图 5-79 挖机两个手柄的 8 个动作

1—右旋转；2—左旋转；3—斗杆伸出；4—斗杆回收；5—动臂下降；

6—动臂上升；7—铲斗挖掘；8—铲斗卸载

1. 先导控制开关杆

在启动发动机之前：

确认先导控制开关杆 1 处于 LOCK（锁住）位置。

在启动发动机之后：

确认所有操纵杆和踏板处于中立位置，并且机器各部没有运动。把先导控制开关杆 1 降到 UNLOCK（放开）位置上（见图 5-80）。

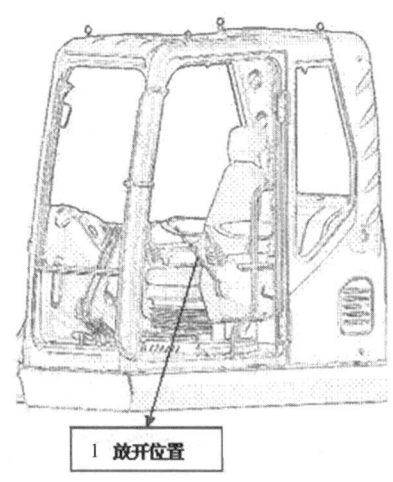

图 5-80　操纵杆和踏板处于中立位置

在离开机器之前：

（1）将机器停放在结实、水平的地面上。将铲斗降到地上，把所有操纵杆回到中立位置。正确地关掉发动机。

（2）把先导控制开关杆拉到完全 LOCK（锁住）的位置上。

（3）停止发动机（见图 5-81）。

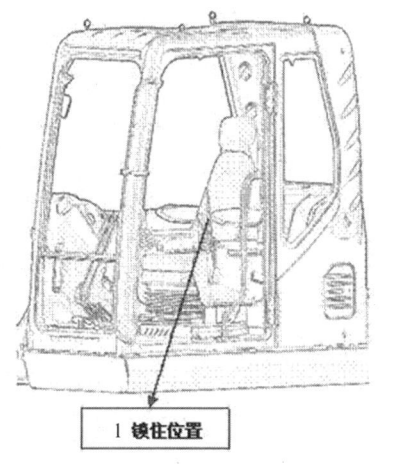

图 5-81　先导控制开关杆拉到锁住位置

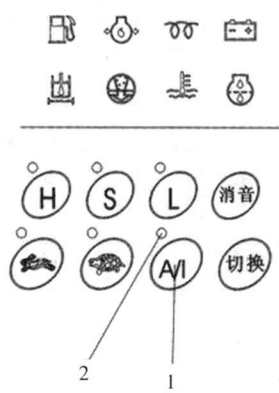

图 5-82　自动怠速开关

2. 自动怠速

（1）在自动怠速开关开着的状态下，如果把所有操纵杆回到中立位置上，大约4秒钟后，发动机速度将减小到自动怠速设定上，以节省燃油消耗。

（2）防止机器的加速运动，在不希望机器有突然加速运动时，特别是在运输器机上下平板车时，务必关掉自动怠速开关（见图5-82）。

3. 喇叭按钮

喇叭按钮安装在左操纵手柄的顶部，只要长按喇叭按钮开关，喇叭就会持续鸣响（见图5-83）。

4. 增力按钮

（1）增力开关位于右控制杆的顶部。用它可以获得最大的挖掘力。

（2）当按下增力开关时，工作装置将获得增强力，当松开增力开关后，增强力就消失。

（3）增力开关连续使用时间不应大于10秒钟（见图5-84）。

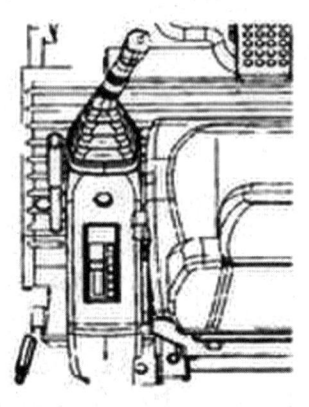
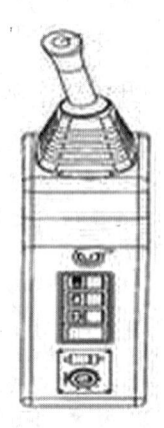

图5-83　喇叭按钮　　　　　图5-84　增力开关

5. 工作模式选择

（1）H 快速模式。用于短时间挖掘硬地面。

（2）S 经济模式。优先考虑燃油消耗的挖掘模式。

（3）L 精细模式。修坡、整地等载荷较小的作业模式，噪声较小（见图5-85）。

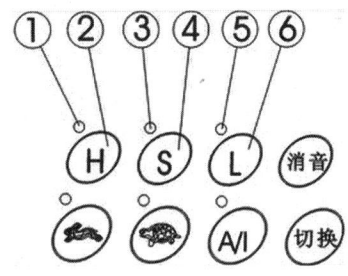

图 5-85　工作模式

6. 操作技巧

（1）当铲斗油缸和连杆、小臂油缸和小臂之间互成 90°时，挖掘力最大。铲斗斗齿和地面保持 30°角时，挖掘力最佳即切土阻力最小。

（2）当用小臂挖掘时，保证小臂角度范围在从前面 45°角到后面 30°角之间。同时使用大臂和铲斗，能提高挖掘效率（见图 5-86、图 5-87）。

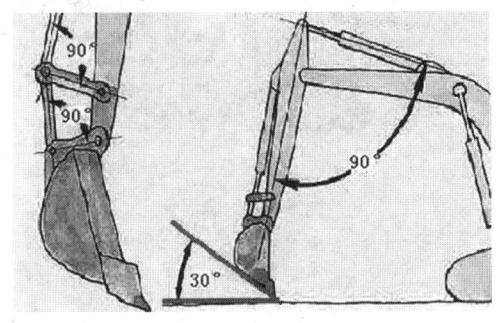

图 5-86　铲斗斗齿和地面保持 30°　　　　　　图 5-87　小臂挖掘

（3）使用铲斗挖掘岩石会对机器造成较大破坏，应尽量避免。

（4）根据岩石的裂纹方向来调整车体的位置使铲斗能够顺利铲入，进行挖掘；把斗齿插入岩石裂纹中，用小臂和铲斗的力量挖掘（应留心斗齿的滑脱）。

（5）对没有碎裂的大块岩石，应先破碎，再使用铲斗挖掘是比较经济的方法（见图 5-88）。

7. 坡面、平整作业

（1）进行平面修整时应将机器放置在平地上，打开缓冲精准控制和自由回转，可有效防止车体摇动，提高工作效率。

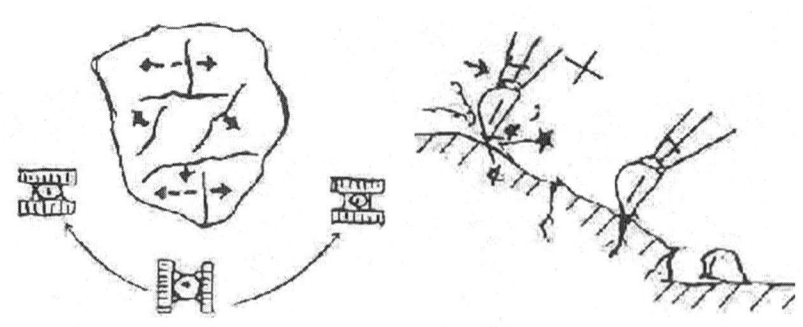

图 5-88　挖掘岩石

（2）把握动臂与小臂的动作协调性，控制两者的速度对于平面修整至关重要（见图 5-89、图 5-90）。

图 5-89　平面修整

图 5-90　坡面修整

8. 装载作业

（1）车体应水平稳定位置，否则回转卸载难以准确控制从而延长作业循环时间。

（2）车体与卡车要保持适当距离，防止在做 180° 作业回转时车体后部与卡车相碰。

（3）尽量进行左旋转装土，这样做视野开阔，作业效率高；正确掌握旋转角度以减少用于回转的时间。

（4）卡车位置比挖掘机低，则可缩短动臂提升时间，且视线良好。

（5）先装砂土、碎石，再放置大石块，这样可以减少对车厢的撞击（见图 5-91）。

9. 松软地带、水中作业

（1）在软土地带作业时，应了解土壤松实程度，并注意限制铲斗的挖掘范围，防止滑坡、塌方等事故发生以及车体沉陷较深。

（2）在水中作业时应注意车体容许的水深范围（水面应在托链轮中心以下）；如果水平面较高，回转支承内部将因水的进入导致润滑不良，发动机风扇叶片受水击打导致折损，电器线路元件由于水的侵入发生短路或断路（见图5-92）。

图 5-91 装载作业　　　　　图 5-92 松软地带作业

10. 吊装作业

（1）使用液压挖掘机进行吊装操作时，应确认吊装现场周围状况，使用高强度的吊钩和钢丝绳，吊装时要尽量使用专用的吊装装置。

（2）工作模式选择在吊装作业模式（L），打开精准缓冲控制，动作要缓慢平稳；吊绳长短适当，过长会使吊物摆动较大而难以精确控制。

（3）正确调整铲斗位置以防止钢丝绳滑脱。

（4）人员尽量不要靠近吊装物以防止因操作不当发生危险（见图5-93）。

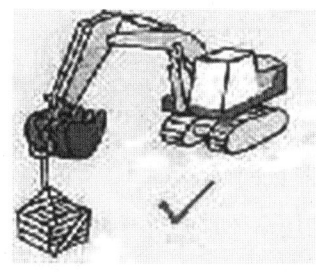

图 5-93 吊装作业

11. 平稳作业

（1）在作业时机器的稳定性不仅能提高工作效率，延长机器寿命，而且能确保操作安全（把机器放在较平坦的地面上）。

（2）链轮在后侧比在前侧的稳定性好，且能够防止终传动遭受外力撞击。

（3）履带在地面上的间距 A 总是大于间距 B，所以朝前工作稳定性好，尽量避免侧向操作（见图 5-94）。

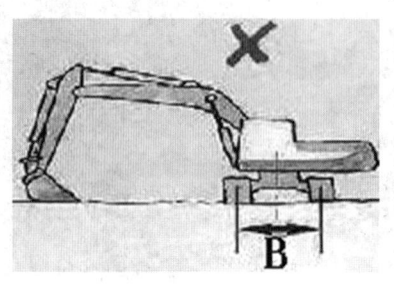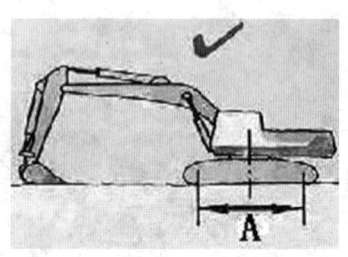

图 5-94　平稳作业

（4）保持挖掘点靠近机器，以提高稳定性和挖掘力；假如挖掘点远离机器，容易造成因重心前移而不稳定。

（5）侧向挖掘比朝前挖掘稳定性差，如果挖掘点远离车体中心，机器会更加不稳定，因此挖掘点与车体中心保持合适的距离，以使操作平稳高效（见图 5-95）。

图 5-95　挖掘点与车体中心保持合适的距离

12. 应避免的操作

（1）利用车体重量进行挖掘会造成回转支承不正常的受力状态，同时对底盘产生较强的震动和冲击，因此应利用液压油缸的力量进行挖掘作业（见图 5-96）。

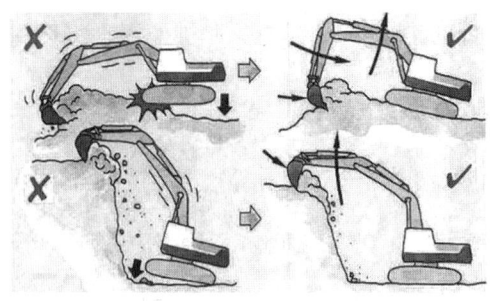

图 5-96   利用液压油缸的力量进行挖掘作业

（2）撞击作业容易造成铲斗和工作装置过早损坏甚至引起焊缝开裂，还会在油缸内部产生瞬时高压，对油缸或液压管路产生较大的破坏（见图 5-97）。

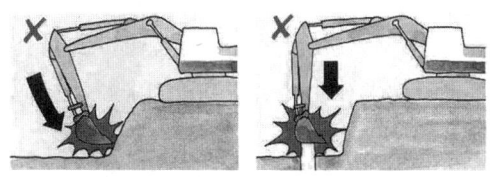

图 5-97   禁止撞击作业

（3）油缸内部装有缓冲装置，能够在靠近行程末端逐渐地释放背压；如果在到达行程末端后受到冲击载荷，活塞将直接碰到缸头或缸底，容易造成油缸破损，因此尽量使行程末端留有余隙（见图 5-98）。

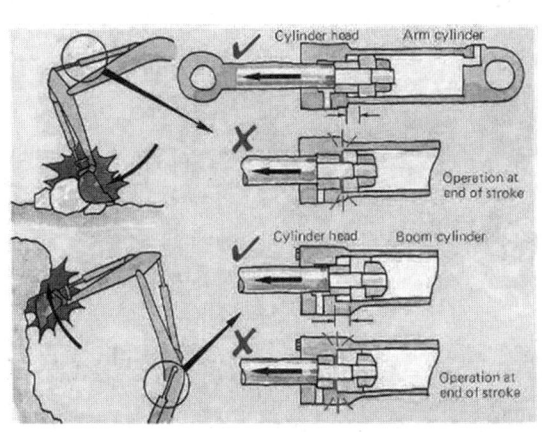

图 5-98   尽量使行程末端留有余隙

（4）利用回转动作进行推土作业将引起铲斗和工作装置的不正常受力，造成扭曲或焊缝开裂，甚至销轴折断，故尽量避免此种操作（见图5-99）。

图 5-99　禁止回转动作进行推土作业

13. 正确的行走操作

（1）在行走时，尽量收起工作装置并靠近车体中心，以保持稳定性；把终传动放在后面以保护终传动（见图5-100）。

（2）尽可能避免驶过树桩和岩石等障碍物，防止履带扭曲；若必须驶过障碍物时，应确保履带中心在障碍物上（见图5-101）。

图 5-100　收起工作装置并靠近车体中心　　　图 5-101　避免驶过树桩和岩石等障碍物

（3）过土墩时，始终用工作装置支撑住底盘以防止车体的剧烈晃动甚至倾翻（见图5-102）。

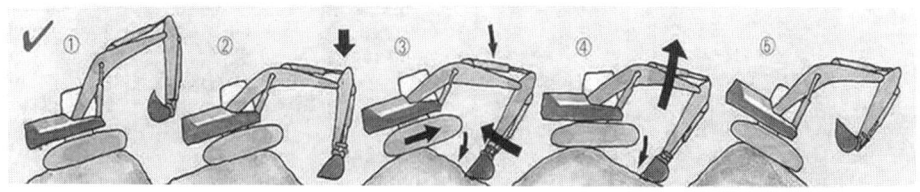

图 5-102　过土墩的方法

（4）上坡行走时，应当驱动轮在后，以增加触地履带的附着力（见图 5-103）。

图 5-103　上坡行走驱动轮在后

（5）下坡行走时，应当驱动轮在前，使上部履带绷紧，以防止停车时车体在重力作用下向前滑移而引起危险（见图 5-104）。

（6）在斜坡上行走时，工作装置的姿势应如图 5-105 所示，以确保安全，停车后，把铲斗轻轻插入地面，并在履带下放上挡块。

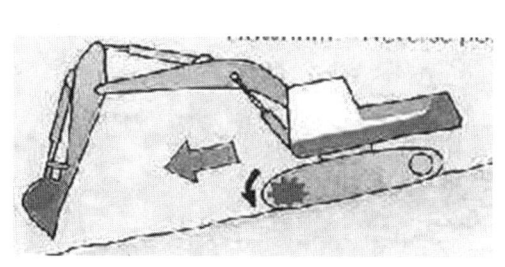

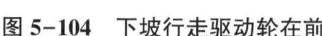

图 5-104　下坡行走驱动轮在前

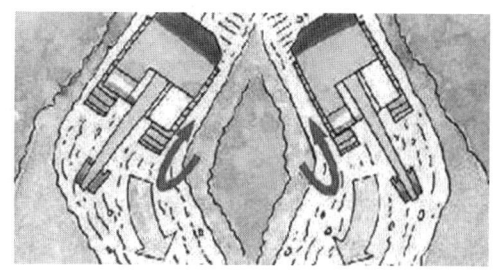

图 5-105　在斜坡上行走

（7）在陡坡行走转弯时，应将速度放慢，左转时向后转动左履带，右转时向后转动右履带，这样可以降低在斜坡上转弯时的危险（见图 5-106）。

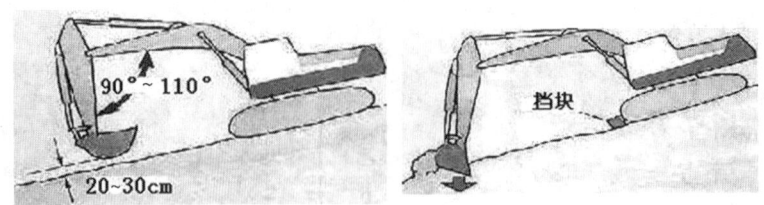

图 5-106　在陡坡行走转弯

（8）应避免长时间停在陡坡上怠速运转发动机，否则会因油位角度的改变导致润滑不良（见图 5-107）。

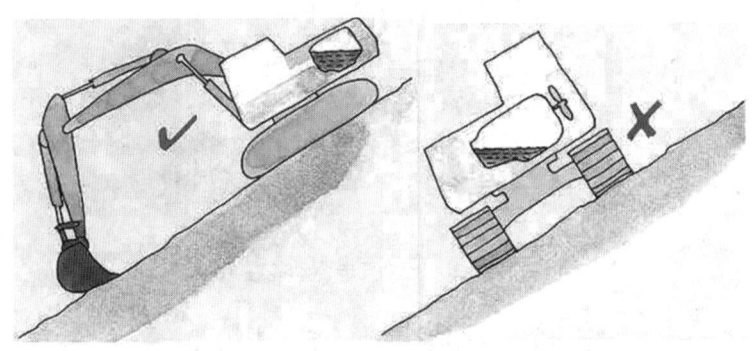

图 5-107　避免长时间停在陡坡上怠速运转发动机

（9）机器长距离行走，会使支重轮及终传动内部因长时间旋转产生高温，机油黏度下降润滑不良，因此应经常停车冷却降温，延长下部车体的寿命（见图 5-108）。

图 5-108　机器长距离行走

（10）禁止靠行走的驱动力进行挖土作业，否则过大的负荷将会导致终传动、履带等下车部件的早期磨损或破坏（见图 5-109）。

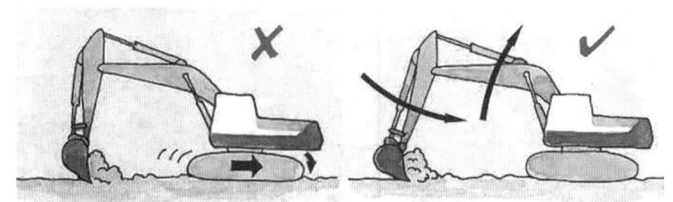

图 5-109　禁止靠行走的驱动力进行挖土作业

14. 正确的破碎作业

（1）首先要把破碎头垂直放在要破碎的物体上。

（2）开始破碎作业时，抬起前部车体大约 5cm，破碎时破碎头要一直压在破碎物上，当破碎物被破碎后应立即停止破碎操作（见图 5-110）。

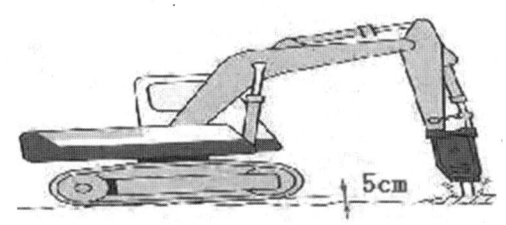

图 5-110　抬起前部车体大约 5cm

（3）破碎时由于振动会使破碎头逐渐改变方向，所以应随时调整铲斗油缸使破碎头方向垂直于破碎物体表面（见图 5-111）。

图 5-111　破碎头方向垂直于破碎物体表面

（4）当破碎头打不进破碎物时，改变破碎位置；在一个地方持续破碎不要超过 1 分钟，否则不仅破碎头会损坏，而且油温会异常升高；对于坚硬的物体，从边缘开始逐渐破碎（见图 5-112、图 5-113、图 5-114、图 5-115、图 5-116）。

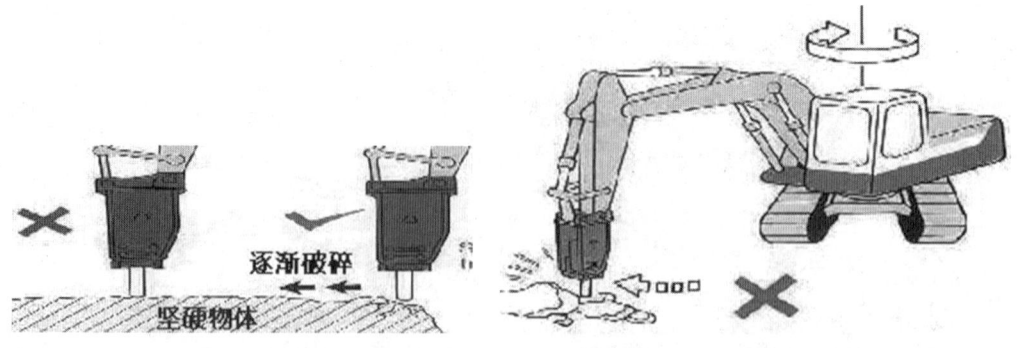

图 5-112 从边缘开始逐渐破碎   图 5-113 不要边回转车体边破碎

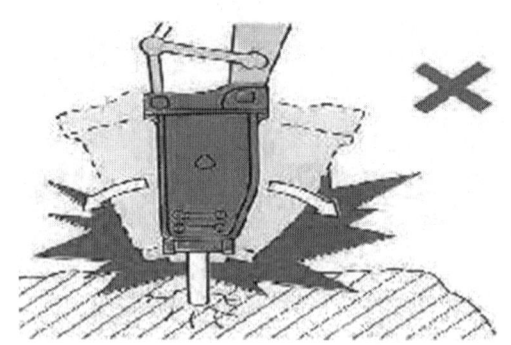

图 5-114 破碎头插入后不要扭转

图 5-115 不要在水平方向或向上的方向使用破碎头

图 5-116　不要把破碎头当凿子撞击很大的岩石

第三节　挖掘机在陶瓷工程中的保养

一、挖掘机油品的选用

正确选用挖掘机的柴油、冷却液、液压油和润滑油，可以延长机器无故障工作时间，为用户创造更多的价值（见图 5-117）。

图 5-117　挖掘机油品

1. 柴油

表 5-4　柴油型号性能指标表

种类	适用环境温度	备注
0 号柴油	5℃以上	柴油的标号是指柴油"凝结点"的温度，说明了它的抗凝固能力，如 0 号柴油只能用于 0℃以上的环境中。 或按发动机使用说明书选用
-10 号柴油	-5~5℃	
-20 号柴油	-14~-5℃	
-35 号柴油	-29~-14℃	
-50 号柴油	-44~-29℃	

2. 液压油

黏度是液压油的重要性能指标，液压油黏度选择取决于泵的类型、系统的工作温度、工作压力及环境温度。油品黏度过大会增加油流通阻力、泵吸困难、功率损失大、油温上升，同时会造成液压动作不稳而出现噪声；黏度过小，则会降低容积效率和系统压力，增加液压元件的磨损和泄漏。

表 5-5　液压油型号性能指标表

种类	适用环境温度	备注
埃索 HV46 抗磨液压油	-25~60℃	液压油要求具备良好的黏温性

液压油功用（见图 5-118）：

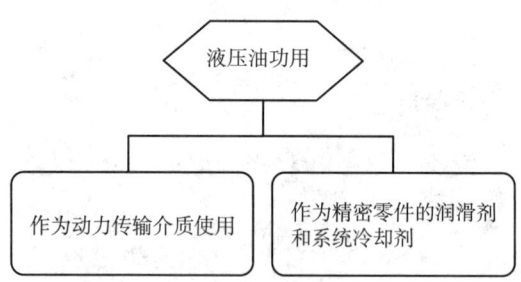

图 5-118　液压油功用

3. 润滑油（见图5-119）

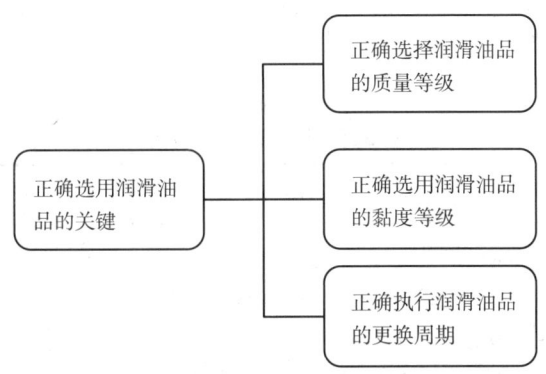

图 5-119　正确选用润滑油

表 5-6　润滑油选用表

润滑元件	油品种类	适用环境温度	备　注
柴油机	SAE 15W-40 CF 级以上（一般地区）	-20~40℃	最高临界泵送温度为-20 ℃
	SAE 10W-30 CF 级以上（高寒地区）	-25~35℃	最高临界泵送温度为-25 ℃
行走减速机回转减速机	GL-5 80W-90	-25~50℃	要根据使用地区的最高和最低工作温度来选择齿轮油
	GL-5 85W-140	-15~50℃	
张紧油缸、工作装置各铰点、回转支承内滚珠及内齿圈、回转减速机	2 号极压锂基脂		润滑脂

齿轮油。根据地域气候情况，南方冬季气温不低于-10℃的地区全年可选用 SAE 90 齿轮油；冬季气温不低于-25℃的地区全年可选用 SAE 80W/90 齿轮油；冬季气温低于-25℃的地区全年可选用 SAE 75W/90 齿轮油；夏季最高气温达 40℃的南方炎热地区，宜选用 SAE 140 齿轮油或全年使用 SAE 85W/140 齿轮油。

表 5-7　齿轮油型号性能指标

黏度等级	75W	80W/90	85W/90	85W/140	90	140
适宜环境温度（℃）	-40~10	-25~50	-15~50	-15~50	-10~50	0~50

4. 防冻液

防冻液的全称应该叫防冻冷却液，意为有防冻功能的冷却液。防冻液不仅在冬天用，而且全年都可使用。

表5-8　防冻液性能指标

温度	水	乙二醇	备　注
-37℃以上	50%	50%	水为软水，（不含或少量含有钙、镁离子的水，如蒸馏水、未受污染的雨水、雪水等，其水质的总硬度成分浓度在0~30ppm）
-50℃以上	40%	60%	

发动机使用防冻液有以下保护作用：

（1）对冷却系统的部件起到防腐保护作用。

（2）防止水垢，避免降低散热器的散热作用。

（3）保证发动机能在正常温度范围内工作。

注意：

冰点越低，沸点越高，其中的温差越大，相对来说防冻液的品质就越好。不同品牌防冻液不要混用。

二、挖掘机在陶瓷工程中的每天检查

表5-9　每天机器启动前必须检查的内容

检查保养项目	检查保养内容
柴油油位	检查补加
柴油箱污物贮槽	检查排放
液压油液位	检查，少时补加
发动机机油液位	检查，少时补加
冷却液液位	检查，少时补加
油水分离器	检查放水
空气滤清器	检查清洁（仅适用于尘土严重的工作环境）
仪表盘和指示灯	检查
操纵杆和操作手柄	检查

1. 检查整机是否漏油、漏水

绕车一圈检查整机是否存在漏油、漏水现象（见图5-120）。

图 5-120　绕车检查

2. 检查发动机柴油油位（见图 5-121）

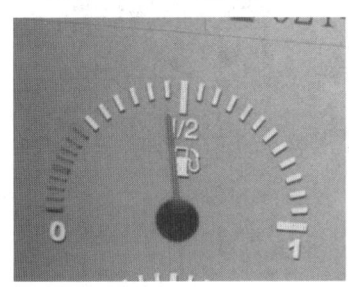 

图 5-121　检查发动机柴油油位

油水分离器：

（1）打开放水塞一次清除水和其他沉淀物。

（2）重新旋紧放水塞，并检查是否有渗漏（见图 5-122）。

当浮子升起时，应及时放水

放水塞

图 5-122　油水分离器

3. 检查发动机机油油位

（1）检查应在机器停机 15 分钟后进行。

（2）将机油尺拔出擦干净后再完全插入，之后再取出检查，正常应该在上下限之间。

（3）如果发现高于或低于正常范围时，应加以调整（见图 5-123）。

4. 检查发动机进气管连接的密封性（见图 5-124）

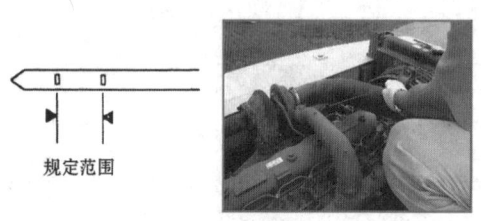

图 5-123　检查发动机机油油位　　　图 5-124　检查发动机进气管连接的密封性

5. 冷却液的检查

在发动机冷却后，冷却液温度在 50℃，慢慢拧开散热器（水箱）盖子检查液位，不够时及时补加，也可观察副水箱液位面观测（见图 5-125）。

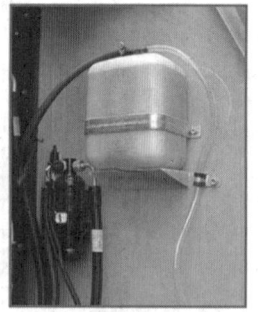

图 5-125　冷却液的检查

6. 液压油油位的检查

（1）将机器按下图状态停好，关闭发动机。

（2）检查液压油箱油位尺应在 2/3 刻度处；如是油标则在上油标处可见液压油（见图 5-126）。

图 5-126　液压油油位的检查

7. 加注润滑油

整机各销轴加注适量的润滑油脂，擦拭掉过多的润滑油脂（见图 5-127）。

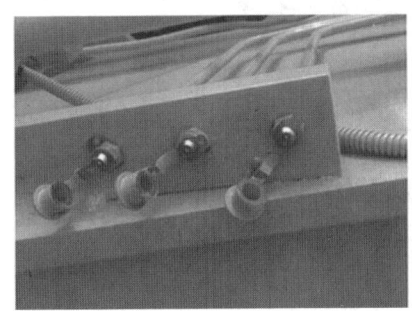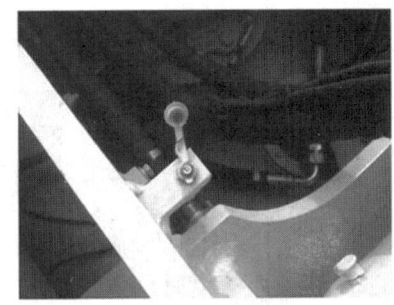

图 5-127　加注润滑油

三、挖掘机在陶瓷工程中的每隔 50 小时检查

每隔 50 小时必须保养的内容如表 5-10 所示。

表 5-10　每隔 50 小时必须保养的内容

检查保养项目	检查保养内容
工作装置各个支承、销轴	检查、润滑
铲斗斗齿	检查
各处螺栓、螺母	检查，松动时拧紧
空调皮带、风扇皮带	检查
履带张紧度	检查
回转减速机黄油	检查、添加

1. 清理油箱下部的污物贮槽，清理柴油中的杂质（见图5-128）

松开此堵头，旋动球阀放油

图 5-128　清理油箱污物贮槽

2. 检查重要部件螺栓紧固情况（见图5-129）

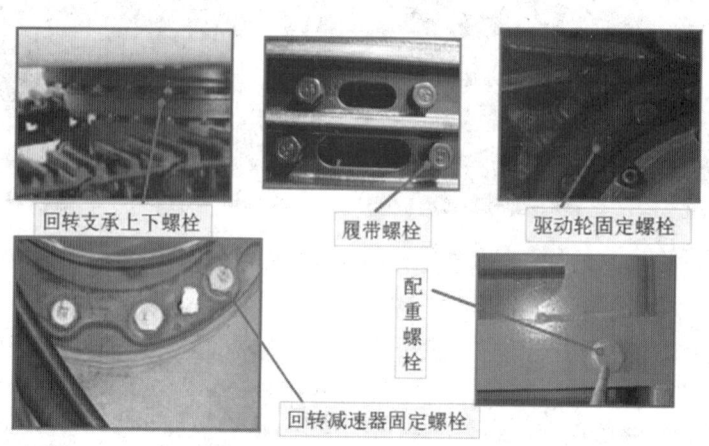

回转支承上下螺栓　　履带螺栓　　驱动轮固定螺栓

配重螺栓

回转减速器固定螺栓

图 5-129　检查重要部件螺栓紧固情况

3. 皮带的检查

（1）检查皮带是否有伤痕，伤痕严重时应立即更换。

（2）检查、调节风扇皮带张紧度。在发电机皮带轮和水泵皮带轮之间的中位，用拇指下压（用力大约为100N）皮带，皮带正常变形量约为10mm（见图5-130）。

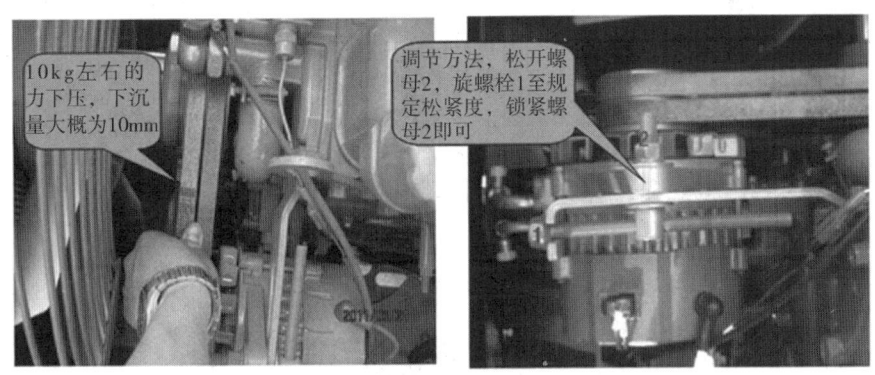

图 5-130　检查皮带

4. 风扇的检查

（1）目测风扇，检查扇叶是否有裂纹、扭曲、松动等。

（2）检查风扇扇叶边缘与风扇罩是否有干涉，有时必须及时调整。

注意：不要拉或撬动风扇，否则会损坏风扇甚至造成人身伤害（见图 5-131）。

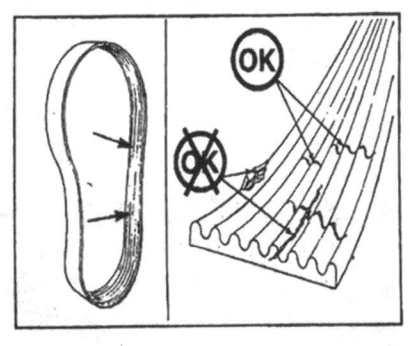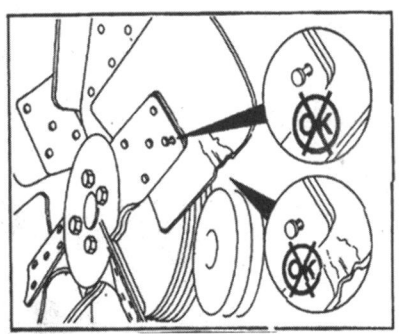

图 5-131　检查风扇

5. 空气滤清器（视工作环境而定时间）

（1）松开管夹，取下端盖，将内部贮尘槽内的灰尘清除干净。

（2）送掉蝶形螺母，取下外部滤芯，用手轻轻地拍打滤芯外表面，切不可在硬物上敲打（见图 5-132）。

6. 回转减速机齿轮油位观察及添加

（1）检查应在机器停机 15 分钟后进行。

（2）取出油尺擦干净后，重新放回油尺。

低于2kg/cm²
的压缩空气

空滤器端盖TOP朝上

图 5-132　检查空气滤清器

（3）再取出油尺检查液面，不够时添加（见图 5-133）。

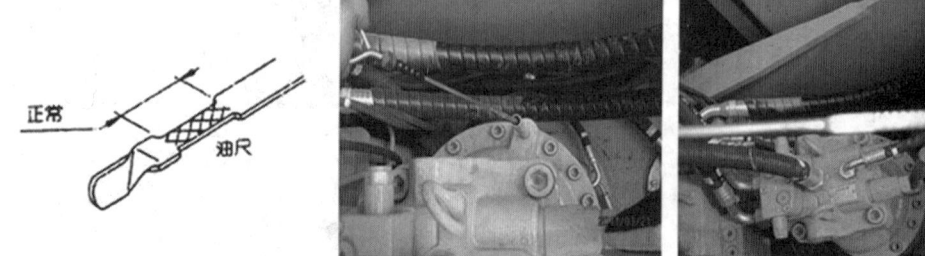

正常

油尺

图 5-133　回转减速机齿轮油位观察及添加

7. 履带张紧度的调整（见图 5-134）

（1）启动机器空转行走。

（2）打黄油至张紧度适中（见图 5-135）。

履带下垂量为：300～335mm

图 5-134　调整履带张紧度

 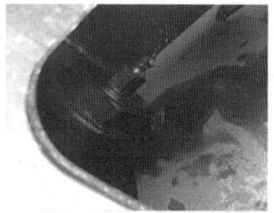

图 5-135　润滑履带张紧度

松弛履带时应注意事项：

（1）缓慢地以逆时针方向松开阀一圈半，黄油将从黄油出口排出。

（2）如果黄油没有顺利地排出，提升履带离地，缓慢地旋转履带（见图5-136）。

图 5-136　松弛履带时应注意事项

注：不要快速拧松阀1或拧得过量，因为调节油缸中的高压润滑脂会喷出来。小心拧松并使身体各部和脸避开阀1。决不要拧松加油嘴2。

四、挖掘机在陶瓷工程中的每隔 250 小时检查

每隔 250 小时必须保养的内容如表 5-11 所示。

表 5-11　每隔 250 小时必须保养的内容

检查保养项目	检查保养内容
发动机机油	更换（大约 25L）
发动机机油滤清器滤芯	更换
液压油回油滤清器滤芯	更换
先导滤清器滤芯	更换
空气内外滤芯	清扫或更换（多尘工况下必须更换）
回转减速机、行走减速机齿轮油位	检查，少时应添加
液压油吸油滤芯、呼吸阀	清洗
油散、水箱、空调冷凝器	检查清扫灰尘、树叶等

1. 更换发动机机油及滤芯（见图 5-137、图 5-138）

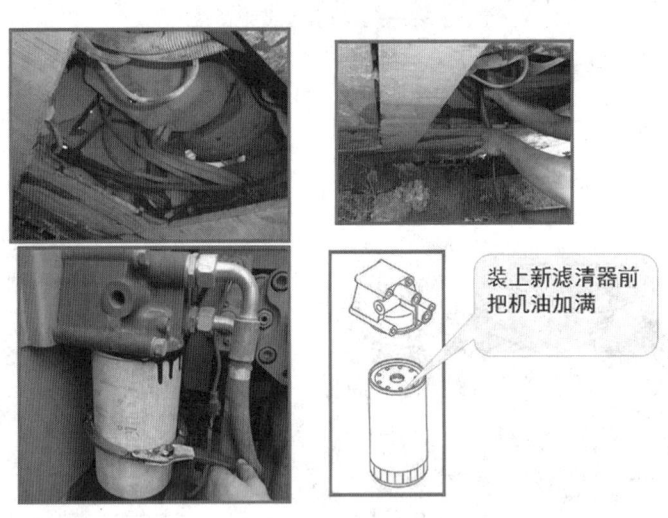

图 5-137　更换发动机滤芯

图 5-138　更换发动机机油

2. 柴油滤清器（粗、细）（见图 5-139）

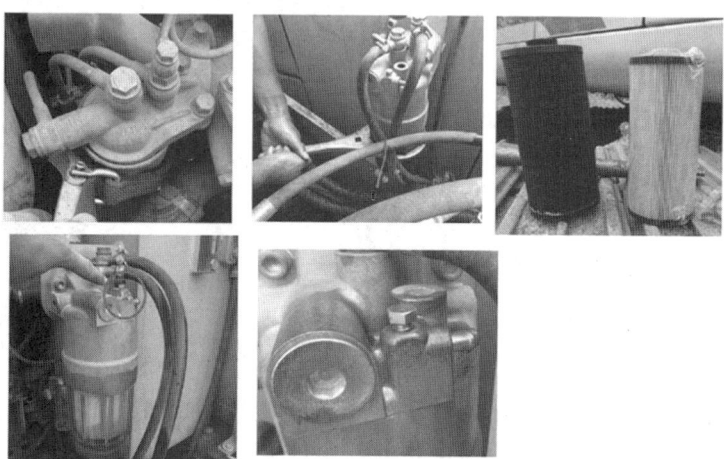

图 5-139　更换柴油滤清器

3. 空滤的更换（见图 5-140）

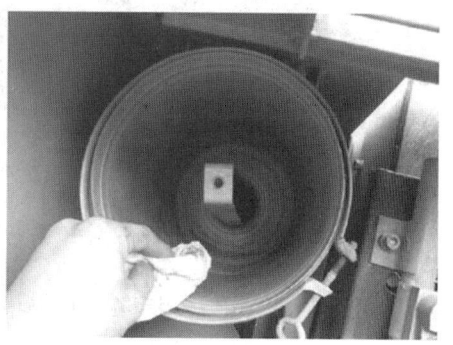

图 5-140　更换空滤

4. 行走减速机齿轮油位检查及加注（见图5-141）

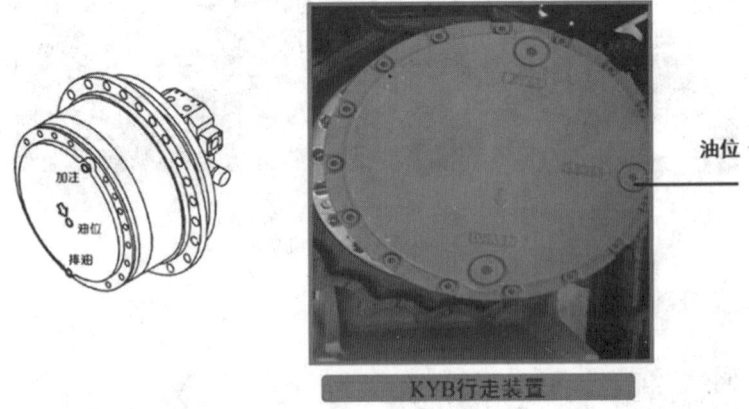

图5-141　行走减速机齿轮油位检查及加注

5. 清洁散热器、液压油冷却器及空调冷凝器（见图5-142）

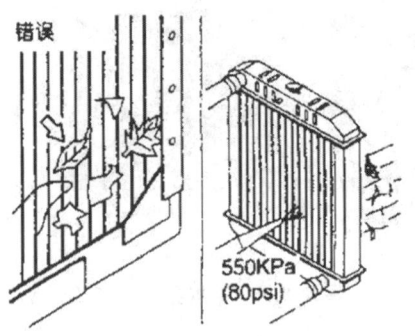

图5-142　清洁散热器

五、挖掘机在陶瓷工程中的每隔 500 小时检查

每隔 500 小时必须保养的内容如表 5-12 所示。

表 5-12　每隔 500 小时必须保养的内容

检查保养项目	检查保养内容
空气内外滤芯	必须更换
回转支承滚道润滑	加润滑脂（注意不可过度加）
柴油箱滤网	清洁或更换

1. 先导滤芯的更换（见图 5-143）

2. 更换液压油回油滤芯（见图 5-144）

图 5-143　先导滤芯的更换　　　　　　图 5-144　更换液压油回油滤芯

3. 回转支承的润滑（见图 5-145）

从三个注油嘴注入黄油，切忌过量加注。

注意：过量加注可能造成外密封胶条脱落。

六、挖掘机在陶瓷工程中的每隔 1000 小时检查

每隔 1000 小时必须保养的内容如表 5-13 所示。

图 5-145   回转支承的润滑

表 5-13   每隔 1000 小时必须保养的内容

检查保养项目	检查保养内容
回转减速机齿轮油	更换（大约 3.4L）
行走减速机齿轮油	更换（每个大约 5L）
回转支承内齿圈黄油	更换（大约 15kg）
空调室内机纸质滤芯	更换

1. 冷却液的更换

在发动机冷却后，冷却液温度在 50℃，将散热器下部的排泄阀打开后放出废液，加注新防冻液后启动发动机使冷却液温度在 80℃时，检查是否渗漏停机后检查液位。需要强调的是，加注时注意排放散热器内空气（见图 5-146）。

图 5-146   冷却液的更换

2. 回转齿圈内黄油更换

（1）排除黄油步骤：①拆掉下车架底盖。②拆掉上车架加油盖，下车架排油盖。③操作全回转（360°）动作数次。

（2）加注新黄油步骤：①排尽废油后装上排油盖。②从注油盖孔处注入新黄油（大约15千克）。③新油注好后装上注油盖（见图5-147）。

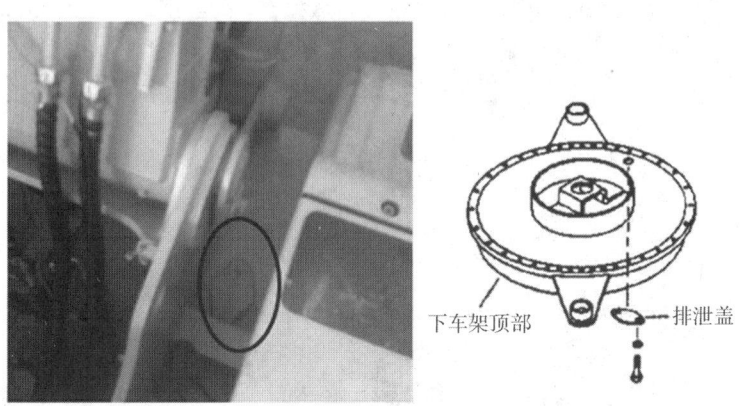

下车架顶部　　排泄盖

图5-147　回转齿圈内黄油更换

3. 更换行走减速机齿轮油（见图5-148）

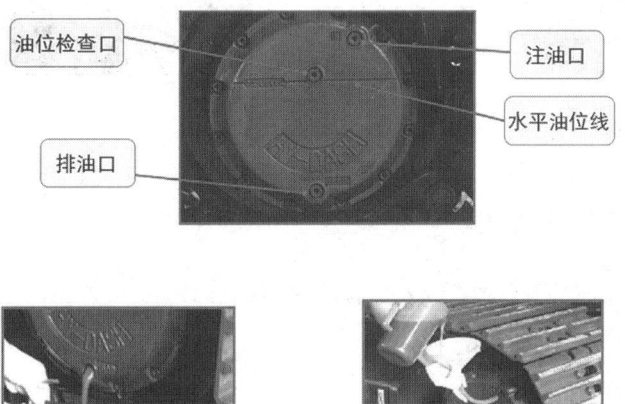

油位检查口　　注油口　　水平油位线　　排油口

排放齿轮油　　加注齿轮油

图5-148　更换行走减速机齿轮油

4. 更换回转减速机齿轮油（见图5-149）

图5-149　更换回转减速机齿轮油

5. 更换空调外风循环滤芯（见图5-150）

图5-150　更换空调外风循环滤芯

七、挖掘机在陶瓷工程中每隔2000小时检查

每隔2000小时必须保养的内容如表5-14所示。

表5-14　每隔2000小时必须保养的内容

检查保养项目	检查保养内容
液压油	更换（大约200L）
液压油吸油滤芯	更换

1. 更换液压油（见图 5-151）

图 5-151 更换液压油

2. 更换液压油吸油滤芯（见图 5-152）

图 5-152 更换液压油吸油滤芯

（1）首次安装工作 50 小时及以后每隔 125 小时应更换回油滤芯和先导滤芯。

（2）当破碎作业率为 40% 时，更换的时间为 1000 小时。

（3）当破碎作业率为 50% 时，更换的时间为 900 小时。

（4）当破碎作业率为 100% 时，更换的时间为 600 小时（见图 5-153）。

图 5-153　挖掘机破碎作业

八、挖掘机在陶瓷工程中特殊工况的保养

1. 沼泽地、淤泥

确保发动机通气管不折弯、堵塞。

作业后清洗机架，检查各处的润滑点润滑情况，尤其是支重轮。

清楚行走装置处淤泥，防止浮动油封失效（见图 5-154）。

图 5-154　沼泽地、淤泥工况作业

2. 多粉尘的工况

每日清理空气滤芯、散热器，清洁活塞杆、防尘圈（见图 5-155）。

3. 多岩石

每天检查履带的履带节及轨链，及时拧紧松动的螺栓、螺母，履带张紧度较平常略松动，检查支重轮、驱动轮、拖链轮及引导轮的润滑情况，清除行走装置碎石（见图5-156）。

图5-155　多粉尘工况作业

图5-156　多岩石工况作业

第六章

陶瓷机械实训设备使用说明

第一节　彩印机械

以 7880/9880 系列平板打印机为例，介绍瓷砖打印机的基本情况（见图 6-1）。

图 6-1　瓷砖打印机

1. 瓷砖打印机设备的主体部件

（1）7880/9880 系列平板打印机的主体结构（见图 6-2）。

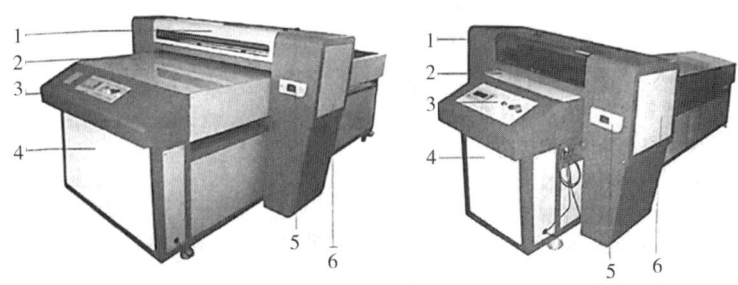

图 6-2 7880/9880 系列平板打印机

1—机头——打印机主要部分；2—打印平台——承载打印物体的平台；3—打印平台控制面板——控制打印机机头移动；4—打印机底座——用来支撑整个打印机、移动打印机；5—控制面板——用来调整打印机内部选项、操作打印机其余功能；6—废墨仓——打印机喷头清洗后废墨储存的地方

（2）控制面板（见图 6-3）。

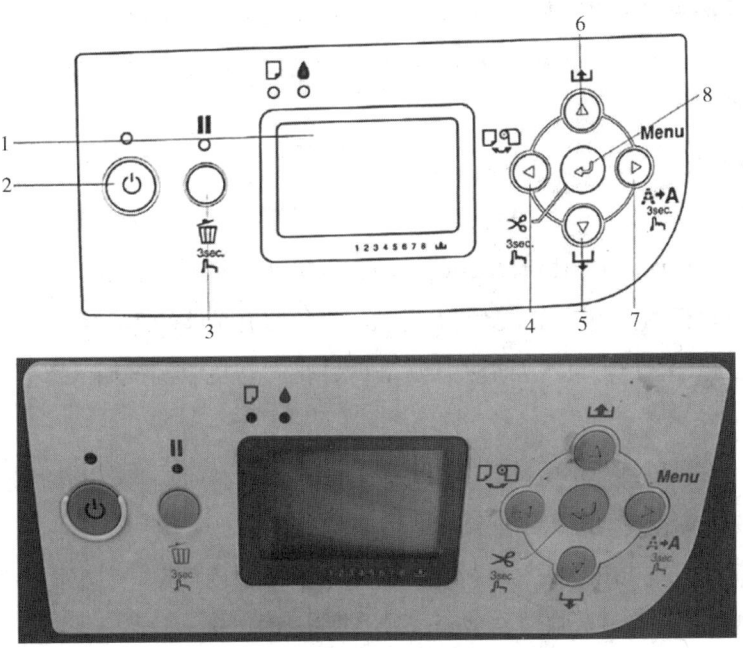

图 6-3 控制面板

1—液晶显示器——可以显示打印机设置参数；2—打印机开关——开启打印机的按钮；3—暂停、任务删除键——按一下为暂停、按住 3 秒不放为删除打印任务；4—纸张来源键、返回上一级按钮——选择纸张模式（自动切纸关、开）在菜单模式下按住此键时，回到上一级菜单；5—下选择键；6—上选择键；7—菜单键；8—键

2. 安装要求

（1）推荐电脑硬件和软件配置：

CPU：英特尔酷睿双核 2.50GHZ 及以上

内存：2GB 及以上

主板：INTELG41 及以上

操作系统：WindowsXP/VISTA/7 及以上的微软操作系统

（2）场地准备设备应远离无线电频率干扰源，地板应易于清扫并不产生灰尘静电，应尽量用重型的灰色装修或用纯白色（日光灯照明）。

（3）设备应该安装在干净、无尘、温度及相对湿度控制在以下范围内的环境中：

海拔高度：海拔 10000m 以下使用；

温度：15~35℃，相对湿度为 40%~65%。

（4）设备使用单相电源，并要求保证良好的接地，接地电阻小于 10Ω 电源电压的范围 220（±10）V，交流 50Hz 或 60Hz。满足以上的要求后，可以按照以下步骤安装打印机。

3. 打印机的安装

（1）打印机安放在工作平台上，四周留有足够的空间以保证通风散热。

（2）打印机前后方向留有足够的空间，以保证打印平台运动不受阻碍。

（3）打印机的打印平台需要上下运动，必须留有足够的运动空间。

（4）在打印机电源开关处于关闭状态时，把打印机电源线插入符合标准的电源插座上。

（5）此时可以打开打印机后部的电源开关，按控制面板"下降"键使打印平台处于合适的位置，方便取出保护打印平台的防震材料。

（6）打印机的电源插头、电源线、打印电缆必须接触良好、牢固，避免处于活动频繁的地方，以免意外脱落造成系统设备的损坏。

（7）打印机出厂、运输时各个盖板和其他活动部件均使用美纹胶纸固定，此时必须拆除美纹纸。

（8）安装打印机驱动。

4. 打印机的操作

（1）接通电源，将打印机前部的电源开关打开，液晶显示屏将会亮启，并显示

"等待联机"，控制面板上的红色"电源"指示灯点亮（见图6-4）。

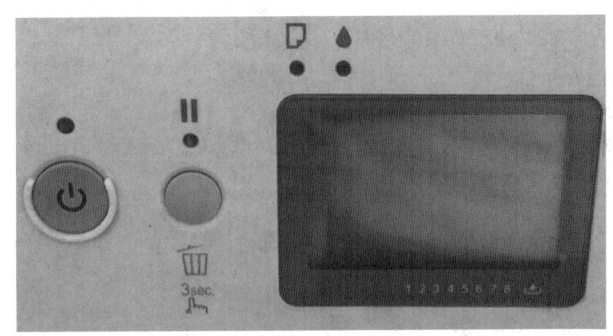

图6-4　打印机电源开关及液晶显示屏

提示：

1）使用前请阅读打印机左上方的"注意事项"。

2）不要在打印机上放置异物，否则会影响散热。避免异物落入机体内，避免液体溅到打印机表面及内部，否则会造成设备损坏。

3）只有需要对供墨系统操作时才打开活动面罩，在打印状态下请勿打开活动面罩，更不能触碰打印头，否则可能损坏打印机。

4）打印机在自行检查或清洗的过程中有响声是正常的。

5）在不使用打印机时，确保墨车回到初始位置。应盖上防尘罩（尼龙罩）。

警告：请勿在打印机工作时将手伸入设备内部，或触摸打印头以及其他运动部件，否则会造成人身伤害和设备严重损坏。

（2）按控制面板"连线"键，"联机"指示灯闪烁，打印机自行检测，并可能清洗打印头，同时打印平台自动移出到极限位置。警告：不得有障碍物影响打印平台的移出，自行检测过程大约需要90s，此时切勿对打印机进行任何操作。

（3）提示：

1）请勿用力按压打印平台（包括初始状态和伸出状态）。

2）请勿放置除打印机体外的其他物品。

3）请勿放置重量超过20kg的物体。

4）请勿在开机状态用手推动打印平台。

5）打印平台下方请勿放置物品，保证打印平台上下的升降空间。

（4）打印机检测完毕后，"联机"指示灯停止闪烁，处于长亮状态，此时打印机处于待机状态，可以将打印介质在打印平台定位。

提示：如出现无法定义的错误，打印机无法进入待机状态，"联机"指示灯长时间闪烁。此时请把设备后部开关关闭，5s 钟后重新开启。

5. 打印物摆放

（1）将表面进行过"涂层"处理的打印介质放置在已移出的打印平台起始位置（打印平台上的打印介质应低于打印标尺）。

（2）按下"移入"键，打印平台上的打印物体移至打印标尺下方时停止打印平台的移动，使需要打印物体处于打印标尺下方。

（3）按下"上升"键，使打印机停放在最佳高度打印处。

（4）再按下"移入"键，将打印平台移至最低处，打印透明物体时，可将物体放置于"防撞保护器"正下方，上升打印平台，使打印物体触碰到"防撞保护器"后，打印平台将停放在最佳高度打印处，再移入打印平台。

警告：

1）打印介质一定要放在打印平台的起始位置，否则在接下来的操作中打印机会检测不到打印介质的实际高度。

2）打印平台错误地上升，会造成打印机和介质的严重损坏。

3）对于打印面凹凸不平的物体，必须用"手动调节打印面高度"来调整打印面高度，以最高点设置打印面，确保最高点和打印头标尺距离 1.5mm。

4）使用"自动调节打印面高度"可能使打印机损坏。

6. 关闭打印机

要关闭打印机之前，等待打印机完成所有作业，必须先按控制面板的"连线"键，等待"连击"指示灯熄灭，且打印头回到初始位置，再关闭打印机的电源。

提示：打印任务结束打印头返回初始位置之前，切勿切断打印机电源。

7. 瓷砖打印机打印效果

瓷砖打印机可根据客户要求，打印个性化的图案，效果良好（见图 6-5）。

图 6-5　瓷砖打印效果一

图 6-6　瓷砖打印效果二

第二节　陶瓷砖断裂模数测定仪

一、陶瓷砖断裂模数测定仪的作用

陶瓷砖断裂模数测定仪采用电动液压加荷机构和弹簧实现匀速加荷。用于测定墙地砖、釉面砖、陶管等建筑卫生陶瓷、电瓷、日用陶瓷的抗折强度，以及陶瓷砖断裂模数和破坏强度的测定，耐破性能等参数的测定，更换夹具等（见图6-7）。

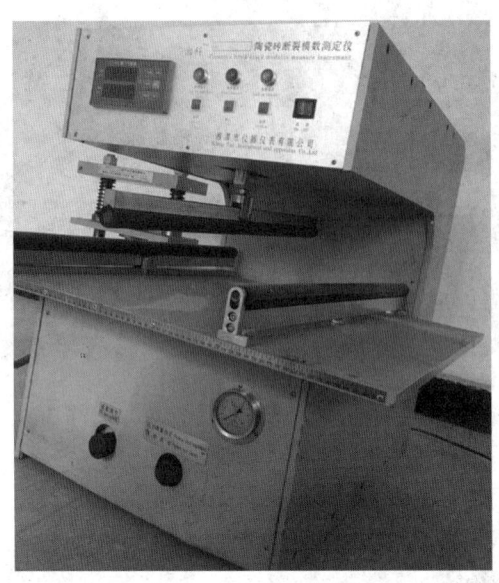

图6-7　陶瓷砖断裂模数测定仪

二、主要技术参数

最大载荷：10000N（牛顿）

压力精度：0.5%

试样测量范围：60×60～800×800 可调

加荷速度：5～700N/S（牛顿/秒）

电压：380V

三、结构及工作原理

1. 结构

该仪器由电机、液压加载机构、弹簧匀速加荷机构、夹具压力传感器、测力控制仪、控制系统组成（见图6-7）。

2. 工作原理

（1）首先根据实验要求安装好选定的夹具，将试样放置在夹具上。

（2）启动加荷按钮，电机正向旋转，推动活塞向上运动，活塞带动工作台板、夹具和试样上升。

（3）当试样与上压杆接触就开始对试样加荷，而上压杆与组合弹簧连接在一起。

（4）根据虎克定理就使加荷为匀速加荷，其压力通过压力传感器传递到测力控制仪上。

（5）当被测试样折断或破碎，测力控制仪显示并保留其最大值，且电机自动停止工作。

（6）启动卸荷按钮，电机反向旋转，活塞带动工作台板、承座、夹具和试样向下运动。

（7）当活塞向下运动到最低位置时，按停止按钮，试验结束。

四、数据处理

只有在宽度与中心棒直径相等的中间部位断裂试样，其结果才能用来计算平均破坏强度和平均断裂模数，计算平均值至少有 5 个有效的结果。

如果有效结果少于 5 个，应取加倍数量的砖再做第二组试验，这时至少需要 10 个有效结果来计算平均值。按照各自的方法和标准处理数据，确定其抗折强度和耐破强度。

五、操作步骤

（1）根据不同的试样和所采用的方法标准安装好试样夹具，且调整好位置。

（2）接通电源，将仪器上的电源开关打开，此时红色指示灯亮，测力控制仪上有数字显示（见图6-8）。

（3）按清零键，进入待测状态，右边第一位显示0。

（4）将试样放置在夹具上。启动加荷按钮，电机正向旋转，推动活塞向下运动，活塞带动上压杆下降，当试样与上压杆接触就开始对试样加荷，而下压杆与组合弹簧连接在一起，根据虎克定理就使加荷为匀速加荷，其压力通过压力传感器传递到测力控制仪上，当被测试样折断或破碎，测力控制仪显示并保留其最大值，且电机自动停止工作。

（5）按卸荷按钮，电机反向旋转，活塞带动上压杆向上运动，运动到最高位置时，按停止键，本次试验完成。

（6）如果需要测试几个试样，就将试样放置好后，重复上述"（3）～（5）"项操作步骤。

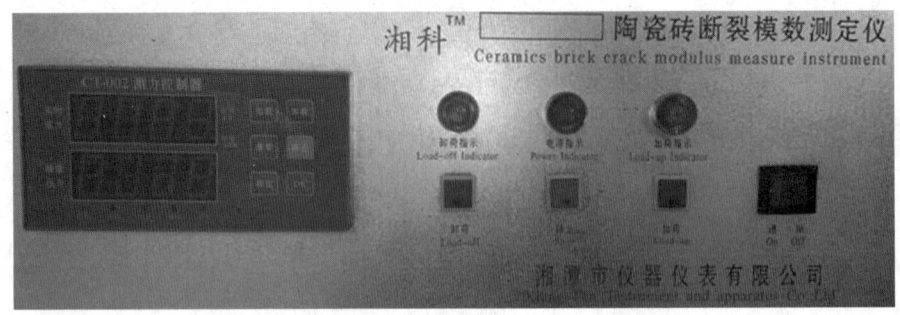

图6-8 陶瓷砖断裂模数测定仪操作面板

六、设备的维护及保养

（1）仪器要经常保持干净、整洁，经常涂油，保持设备机械部分不锈蚀。

（2）仪器及控制部分要经常通电，以保证各电器元件不受潮霉变。

（3）压力传感器每年要定期校定。

第三节 自动双重纯水蒸馏器

一、概述

1. 用途

本仪器是在"单重纯水蒸馏器"原理上改进制成的自动双重纯水蒸馏器，适合实验室制备二次蒸馏水用（见图6-9）。

2. 特点

本仪器的主要材料全部采用优质玻璃。蒸馏的水不与任何金属相接触，经过二次蒸馏获得的水纯度高。

加热器采用石英玻璃制成，具有节能、洁净、长寿等优点。

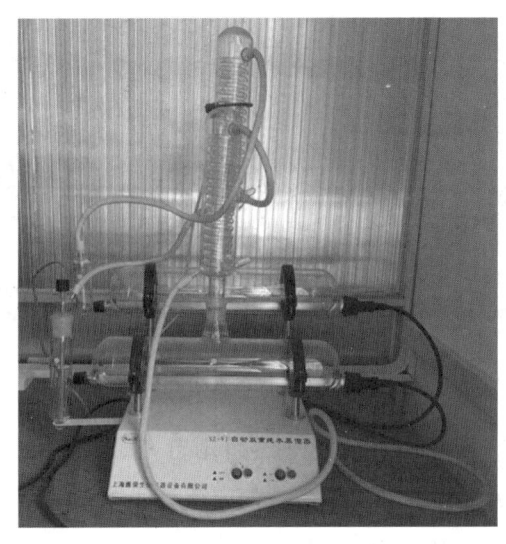

图 6-9　自动双重纯水蒸馏器

本仪器一次、二次蒸馏均有继电器保护装置，使用安全可靠，各次蒸馏开关均通过温度控制器、干簧水位器控制，有效避免了回热管干烧损坏玻璃配件的情况。水位的高低能自动接通或切断电源达到全自动蒸馏纯水的功能。

3. 主要技术数据

出水量：1600ml/h

输入功率：3kW

电压：220v/50Hz

仪器尺寸：长×宽×高：70cm×34cm×80cm

重量：8kg

二、仪器清洗

在蒸馏一段时间后，水垢就积聚在横式烧瓶内及石英加热管表面上，这时需要进行清洗，清洗的次数主要视自来水的硬度和使用时间而定，如仪器长时间不进行清洗，会影响蒸馏效果，严重的会损坏加热管并且清洗时间也要延长（见图6-10）。

清洗步骤如下：

（1）切断电源，关上自来水开关，取下冷凝管，但不需要拆下皮管。小心加入约10ml浓盐酸倒入横式烧瓶内，与瓶内的水稀释成盐酸，如积垢较多，盐酸量可多一些。

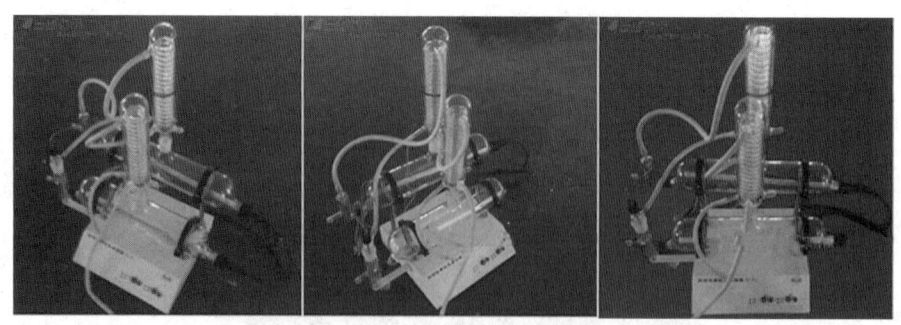

图 6-10　仪器清洗步骤

（2）数分钟以后，由水位器放出，然后用自来水冲洗数次，为了清除微量盐酸，可将横式烧瓶前后摇动，使不易清洗的死角也冲洗干净为止。

（3）当再次蒸馏后，开始 10 分钟内所蒸馏的水，舍去不用。

三、安装

将本仪器的成套玻璃件洗净、烘干，其他配件应擦净。

（1）横式烧瓶，支架装配：将长、短立柱旋入箱体圆垫片螺孔上，圆形铁圈固在各立柱端面。横式烧瓶夹在铁圈中，螺钉紧固。

（2）干簧水位器，水位器装配：将一小段橡胶管套在一端封口的玻璃导管上；将带有磁铁的浮子（结口向上）套入玻璃导管；再将导管放入磨口外套里；盖上进水接头并用螺帽旋紧。参照干簧控制水位器结构图，固定钢托架，将干簧水位器插入二次蒸馏横式烧瓶小螺口中左右移动，使之套在钢托架的孔内，或者将二次横式烧瓶与干簧控制水位器整体左右移动，使干簧控制水位器套在钢托架上的孔内，旋紧干簧控制水位器与横式烧瓶连接的螺帽。再将水位器插入一次蒸馏横式烧瓶小螺口，螺帽固定。

（3）冷凝管、温度控制器装配：冷凝管轻轻插入横式烧瓶标准阴磨口中，温度控制器用小弹簧两端连接套入冷凝管。

（4）石英加热管装配：石英加热管插入横式烧瓶大螺口中，轻轻旋紧胶木螺帽。

（5）橡皮管连接：参照安装图，连接冷却水、蒸馏水的路线。参照安装图位置装配（见图 6-11）。

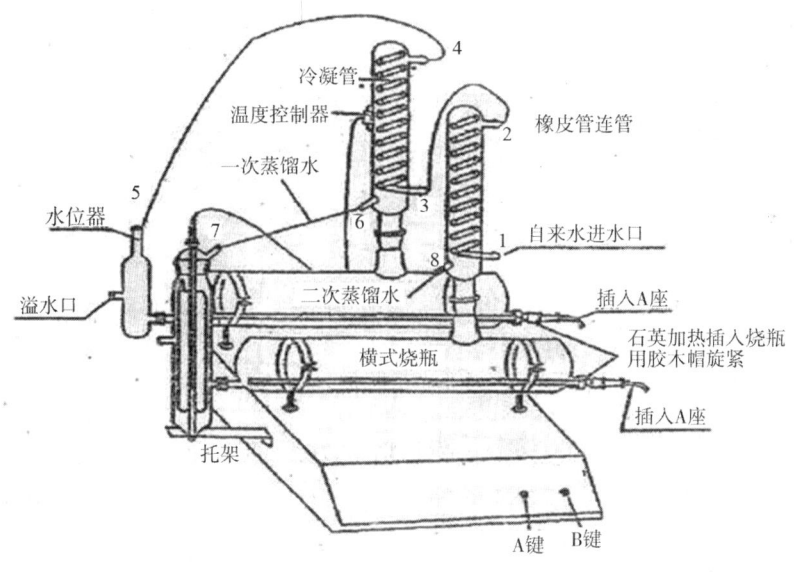

图 6-11　自动双重水蒸馏器安装

（6）自来水先进入二次冷凝管下的进水口，经由上出水口入一次蒸馏管的下进水口，再经过上出水口入水位器，由一次蒸馏冷凝的蒸馏水出水口流入干簧控制水位器进水口，然后进入二次蒸馏的横式烧瓶，由二次蒸馏冷凝的蒸馏水出水口流入收集瓶。

（7）调整干簧管高度：在操作中，调整干簧管和磁性浮子的配合位置应以水位器降低时能自动切断电源为准，从而达到自动控制水位的目的，初次使用前应校准干簧继电器的灵敏度。

四、操作

本仪器使用 220V/50Hz 市电，功率为 3kW，使用结束后要拔下插头，以保证安全。先打开自来水注水，直到自来水从初次蒸馏的水位器溢水口流出。这时横式烧瓶中水位达到一半高度，按 A 键指示灯亮，仪器进入加热状态开始蒸馏；当纯水进入二次蒸馏的横式烧瓶一半水位高度后，按 B 键指示灯亮（把蓝色塑料套管上下抽动直到指示灯亮）。以后随着水位高低 AB 键能自动开启或切断电源。当冷凝管过热时，温度控制器触点会自动断开切断电源。等待 3~5 分钟，冷凝管温度降低后，仪器会自动接通电源，具有自动开启或关闭电源的功能（见图 6-12）。

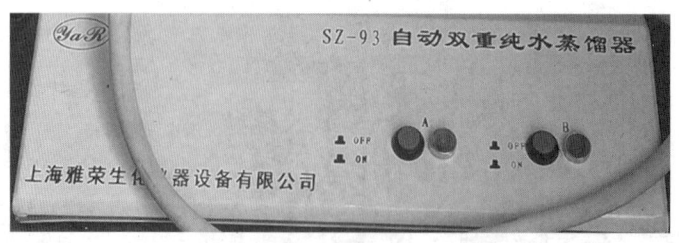

图6-12　自动双重水蒸馏器的操作

第四节　陶瓷砖釉面耐磨实验仪

陶瓷砖釉面耐磨实验仪适用于有釉陶瓷砖产品的生产企业、国家质检部门、科研院所做检测、科研之用（见图6-13）。

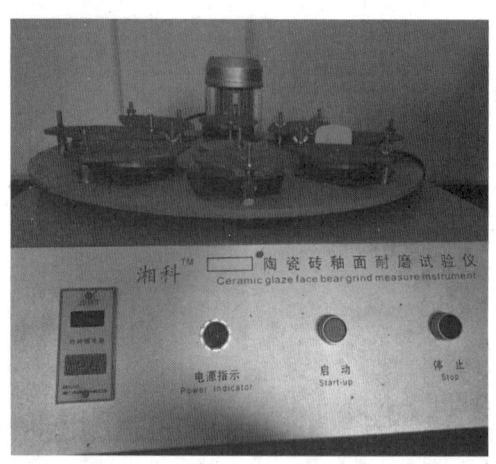

图6-13　陶瓷砖釉面耐磨实验仪

一、主要用途与适应范围

本试验仪是完全根据 ISO/DIS 10545/7-1996《陶瓷砖——施釉陶瓷砖表面耐磨性试验方法》和 GB/T 3810.7-2016《陶瓷砖釉面耐磨性试验方法》标准而设计制

作的仪器。将一定量的磨料置于陶瓷砖釉面上，使磨料在釉面上研磨，目测比较被磨试样釉面的差别分类（见表6-1）。

表6-1　被磨试样釉面的差别分类

磨损可见痕迹的级（转数）	分类
100	0
150	1
600	2
750，1500	3
2100，6000，12000	4
>12000 和通过 ISO 10545-14 耐污染	5

二、主要技术参数

（1）试样尺寸：100×100（mm）；可同时做8个样品的耐磨试验，少于8个试样的耐磨试验亦可通用。

（2）支承转盘中心与每个试样中心距离为195，且相邻两个试样夹具间距相等。

（3）支承盘额定转速：300±10% rp/min。

（4）偏心距：e = 22.5（mm）。

（5）带橡胶密封的金属夹具内径Φ83，夹具内空间高度是25.5（mm），提供的试验面积约为54（mm）^{2}。

（6）电机功率：550W。

（7）电　源：380V±10%，50Hz±10%。

三、主要结构及工作原理

试验仪由机体、传动机构、支承转盘、八个带橡胶密封的金属夹具盒和电控装置组成（见图6-13）。

电机通过传动机构，支承盘以每分钟300转速运转，随之产生22.5mm的偏心距（e），因此，使每块试样做直径为45mm的圆周运动，从而使磨料在试样釉面上研磨，电控装置将预先设定的转数进行控制，当达到预订转数时，可自动停机（见图6-14）。

该设备具有结构新颖、运转平稳、噪声低、操作简便，可同时作3个和少于3

图 6-14　陶瓷砖釉面耐磨实验仪电机及工作台

个样品的试验，由于配置有数显时间继电器，操作者只需接通电源，不需任何监视，它将按照所设定的时间（转数）自动完成。

四、吊运和贮存

1. 吊运

（1）包装箱有不易去掉的明显标志：吊装方向部位防潮、防晒、小心轻放、向上、到站、收货单位、地址等。

（2）装卸吊运一律用铲车铲到底。

（3）运输时应保证设备无振动、不淋晒、不倒置、不允许冲击翻倒等。

2. 贮存

（1）温度：0~70℃

（2）湿度：80℃（RH）90% 48h

（3）设备必须置于周围无强电、强磁，无腐蚀性、无有害气体且通风较好的环境中。

五、安装与调整使用

1. 安装

耐磨仪设备应置于坚固、平整的混凝土台面，其地脚螺栓位置见仪器主体三等分机脚内孔，必须可靠接地并靠近有 380V 处。

2. 调整

检查所有螺栓、销钉等是否有松动现象，并及时拧紧。

接通电源检查支承盘的旋转方向，必须是逆时针方向旋转。

试运转，检查设备是否有跳动与摆动现象。

3. 使用（操作程序）

（1）按表6-2配置每块试样所需研磨材料。

表6-2　配置试样所需研磨材料

研磨材料	规格	质量g（克）
钢球	Φ5	70.00±0.50
钢球	Φ3	52.50±0.50
钢球	Φ2	43.75±0.10
钢球	Φ1	8.75±0.10
颗粒尺寸的白色熔融氧化铝（白刚玉）	80号	3.00
蒸馏水或去离子水	20ml	

（2）将试样擦净后逐一夹紧在夹具下，通过夹具上方的孔加入按上表配置的研磨材料。

（3）根据试验要求，分别设定数显时间继电器转数为100转、150转、600转、750转、1500转、2100转、6000转、12000转，时间分别为20秒、0.5分、2分、2.5分、5分……时，开动试验机（见图6-15）。

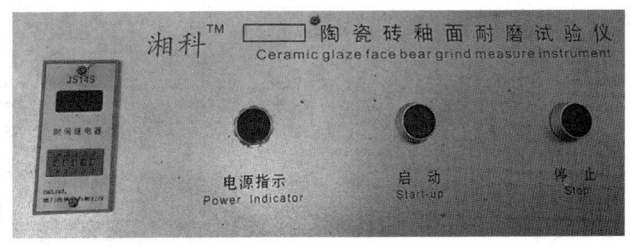

图6-15　陶瓷砖釉面耐磨实验仪操作面板

（4）取下的试样用10%浓度的盐酸溶液擦洗表面后，在流动的清水下冲洗并在110±5℃的烘箱内烘干。如果试样被铁锈污染，可用10%的盐酸擦洗，然后在流动的水下冲洗、干燥（在烘箱内烘干）。

（5）将烘干后的试样置于明亮的地方目视比较，请按照ISO/DIS 10454-1996和GB/T 3810.7-2006《陶瓷砖釉面耐磨试验方法》标准中的规定。当可见磨损在较高一级转数和低一级转数比较靠近时，重复试验检查结果。如结果不同，取两个级中较低的级作为结果分类。

（6）试验完毕，钢球倒入筛中，用流水冲洗，然后放入烧杯中，再用甲醇、酒精清洗，烘干后保存，以防生锈。

六、试验仪的主要器件配置清单

三相异步电动机 YS8026

功率：550W

转速：910r/min

数显时间继电器：0~99 分 59 秒

A 型三角橡胶带 L=1050mm

第五节　手动式液压制样机

一、用途

手动式液压制样机是一种操作简单、维护方便、使用安全的制样设备，广泛运用于陶瓷、建材、化工、医药等行业的实验室、工厂（见图 6-16）。

二、特点

（1）配上各种模具及附件，具有一机多用的作用。

（2）使用安全，泵内装有限压阀，当压力超过额定压力时能自动回油。

（3）体积小、重量轻。

（4）空行程时，排油量大，行程速度快。

（5）工作行程时，排油量小，压力高。

图 6-16　手动式液压制样机

三、主要技术参数

（1）最大载荷：10t。

（2）最大工作压力：40MPa。

（3）最大行程：120mm。

（4）用油品种：46号机械油。

（5）活塞直径：52mm。

四、仪器的使用方法及操作步骤

（1）根据所需的压制工艺，将粉料放入模框内，并将压头放入模框。

（2）旋紧主体油缸上止回阀的放油螺钉。

（3）上下往复掀动压力手柄，推动油泵活塞上移，当压模与机上顶板接触时，就产生压力，且随着不断掀动手柄，压力不断增加，观察压力表，当达到所需压力时，就停止掀动。

（4）卸载时，就将主体油缸上止回阀螺钉拧松，油泵活塞就向下运动到底。

（5）将模具倒置，取下下模板，将脱模环套在模筒顶部，将止回阀拧紧，上下往复掀动压力手柄，直至脱模环与上顶板接触，压出试样。

（6）将油缸上止回阀螺钉拧松，油泵活塞就向下运动到底，然后取出模具，拿掉脱模环，取出试样。